白鳥 敬 著
Kei Shiratori

「科学・技術の歴史」が一冊でまるごとわかる

ベレ出版

● はじめに ●

　地球上に人類が誕生してから数百万年。その歴史は科学技術の発達の歴史でもあったといえます。科学技術はいつの時代も世界を大きく変えてきました。

　社会を大変革した技術には、古くは、石器などの道具の発明、火の発見があげられます。原始的な道具を使う文明の時代が長く続きましたが、その間に人類は少しずつ道具を使いやすく性能の良いものに改良していきました。

　この「改良し続ける」という行為は、近代的な科学技術を持つようになってから、どんどん加速していきました。18世紀には効率の高い蒸気機関が登場し、工場での大量生産が実現しました。それは現在と同じような資本主義社会登場のきっかけとなりました。

　18世紀末にボルタ電池が発明され、電気エネルギーの利用が始まりました。その後、あっという間に電気は動力エネルギーとして、また照明として使われるようになり、さらに電気通信や無線通信に使われるようになっていきました。20世紀半ばにはコンピュータが登場し社会を劇的に変えていったことはみなさんよくご存知のとおりです。

　芸術・文学、及び政治・思想なども社会を変革する力を持っていますが、変えていくには長い時間を必要とします。その点、科学技術はスピーディです。短期間でがらりと変わります。しかし一方で、この変化の速さがさまざまな問題をひきおこしています。

　例えばSNSにおける、誹謗・中傷、デマ情報、フェイク動画の

拡散などのトラブルが、毎日のように起こっています。

　原因の一つとして「ネットリテラシーの欠如」が指摘されますが、根本的な原因は、科学技術の進化の速度が速すぎることなのです。そのため、十分に理解しないまま新しい情報を取り入れないといけなくなっています。

　しかし、私たちは科学技術によって構築された社会システムの中で生きていますから、科学技術を排除する事はできません。ではどうすればいいのでしょうか。一つの答えは、科学技術の進歩の歴史を、社会・経済・政治といった歴史の流れと一緒に理解することだと思います。

　私たちは、中学・高校と日本史と世界史は学びますが、科学技術史を体系的に学ぶことはほとんどありません。科学技術と人類の文化史を統合して理解することで、真の歴史理解が得られると思います。

　本書は、科学技術と社会の変化を関連づけて俯瞰できるようにまとめてみました。執筆を始めて途方に暮れたのは、科学技術の歴史は非常に広範囲に渡るということです。書き足りない項目も多々ありますが、有史以来、人類が科学と技術にいかに関わってきたかを読みとっていただけるのではないかと思います。

白鳥 敬

CONTENTS

第 **2** 章　産業革命と社会の変革
—18 世紀

第 3 章 近代から現代へ ― 19 世紀

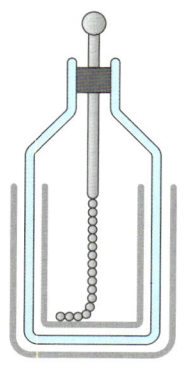

序章

人類誕生から現代までの概観と16世紀まで

1 人類の誕生・火と道具の発明 ——技術史の概観（1）

● 人類にとっての科学と技術

　まず本書を読み始めるにあたって、人類誕生から科学を発達させ、科学技術と呼ばれる方法を持つに至るまでの歴史を概観しておきたいと思います。古くから技術は科学に基づいて作られたものといえます。そのため「科学技術」という言葉で表現されますが、自然科学など技術に直接結びつかない科学の分野もあります。

　ただし、人類社会が科学技術を利用することで文明を発達させてきたことは間違いありません。本書では主に科学とその工学的応用である技術をひっくるめて「科学技術」と表現します。

● 太陽系の誕生

　太陽系が生まれたのは今から50億年ほど前です。宇宙空間を漂っているガスや塵が他の場所より多く集まっているところが重力によって凝縮し、質量が増えていくに従って円盤状に回転を始めました。渦の中心部の密度は徐々に高くなり、やがて1000万度を超えると核融合が始まりました。核融合は水素原子どうしが融合してヘリウムに変わる反応です。核融合によって新しい元素ができるとき、原子核の質量が少しだけ失われます。この質量（＝エネルギー）が光・熱・電磁波などとして放出されます。銀河の中にある数千億個以上もの恒星はすべて核融合反応によって光り輝いています。

　このように輝き始めた原始太陽の重力に引かれて周辺を漂っていたガスや塵がさらに集まってきて、大きな円盤状になって回転していきます。この円盤の中では密度のムラができ、密度の高い（＝重

力が強い)部分の周りには、さらに小さな物質が集まっていきます。円盤の中でも太陽に近いところは、太陽から放射される太陽風を始めとする高エネルギー粒子によって軽いガスが外縁の方に吹き飛ばされ、太陽に近いところには水星・金星・地球・火星といった岩石型惑星が誕生し、遠いところには、木星・土星・天王星・海王星などのガス型惑星が誕生しました。

約46億年前には地球は独立した一つの惑星として姿を現しましたが、その頃の地球は高温によって溶けた岩石の塊で、空からは惑星になりきれなかった大小の岩石の破片が降りそそいでいました。原始地球は次第に冷えてゆき、およそ44億年前になると、ようやく海ができました。

● 人類の誕生

そしてさらに月日は流れ、38億年前頃には、らん藻類のシアノバクテリアという生物が生まれたと考えられています。この小さな生き物は、太陽からの光をエネルギーとして大気中の二酸化炭素を使って光合成を行ない、大気中に酸素を増やしていきました。

5億年くらい前のカンブリア紀には、現在の生物の遠い祖先にあたる多くの生物が誕生しました。短い期間に非常に多くの生物が登場したので「カンブリア大爆発」と呼ばれています。その後、数十億年をかけて生物は多様に進化し、途中で火山の爆発や気候の大変動などによる5回の生物大量絶滅の危機を経、今から450万年ほど前、ようやく人類の祖先にあたる生き物が現れました。アウストラロピテクスと呼ばれる「猿人」です。直立歩行をし、石器を使っていたと考えられています。直立歩行できるようになって、人類は

両手でさまざまな行動・操作ができるようになっていきました。

　約150万年前には、猿人よりも進化した「原人」が登場しました。原人には、北京原人・ジャワ原人などがあります。そして、約30万年前に「旧人」に分類されるネアンデルタール人が登場します。

　さらに20万年前になってようやく私たちの直接の祖先とされる「新人」（ホモ＝サピエンス）が登場します。猿人の登場から数百万年という長い月日を経てようやく、私たち人類が登場したのです。

　約1万年前にはそれまで寒冷だった地球の気候が温暖になり、人類の活動も盛んになっていきました。数百万年の間に人類の種類は変わっていきましたが、他の動物とは大きな違いがありました。それは道具を使えたということです。

　（生物及び人類誕生の年代には諸説あります）

年表・大量絶滅

1回目の生物大量絶滅	約4億4400万年前（オルドビス紀）火山活動の活発化が原因で地球環境が変化したため。
2回目の生物大量絶滅	約3億7200万年前（デボン紀）海洋環境の変化や寒冷化が原因とされる。
3回目の生物大量絶滅	約2億5200万年前（ペルム紀）史上最大の大量絶滅。地球の生物の90％以上が絶滅という説もある。大規模な火山活動による大気環境の変化が原因とされる。
4回目の生物大量絶滅	約1億9960万年前（三畳紀）大規模な火山活動が原因。
5回目の生物大量絶滅	約6600万年前（白亜紀）恐竜などが絶滅。直径10キロメートルを超える隕石の落下による環境の変化が原因。

● 道具・火・言葉の発明

　人類の祖先が使い始めた最初の道具は石器です。猿人はすでに原始的な石器を使っていたと考えられています。石器は約250万年前から使われ始め、150万年ほど前には、打製石器を「開発」したと考えられています。さらに時代が進むとともに、石を磨いて切れ味を良くした磨製石器が使われるようになっていきました。50万年前には、石を鋭くした石器を棒の先にくくりつけ、槍のようなものを作りました。2つの異なる部品を組み合わせてより強力な武器を開発していたのです。当時の人類の祖先も、現在と同じように道具を高性能にするためにさまざまな工夫を行なっていたのです。

磨製石器
写真提供：
ピスクタ

　もう一つ、人類史を大きく転換したのが火の使用です。火を使い始めたのがいつ頃か、はっきりとはわかっていませんが、50万年前から20万年前に生息したとされる北京原人はすでに火を使っていたと考えられています。

　人類が火を使うことを覚えたことによって、狩りで獲った動物の肉を熱で加工して食べるようになりました。火は寒冷時の暖房として、また夜間、人間に害を与える獣を集落に近づけないようにする目的でも使われたことでしょう。

火を使う技術は、道具の進歩をもたらしました。石を材料とした石器から、金属製の道具が登場してきたのです。人類が道具の材料として最初に加工したのは銅と言われています。ただ銅は柔らかいので、スズを加えた合金である青銅として使いました。正確にはわかっていませんが、紀元前3500年頃には、鉄器や青銅器が使われていたようです。銅の融点が摂氏1085度、スズの融点が摂氏232度ですから、その合金を作るには火の熱が必要でした。石器が登場し、次第に高性能な磨製石器が作られるようになり、より自由に加工ができる青銅が用いられるようになっていったのです。

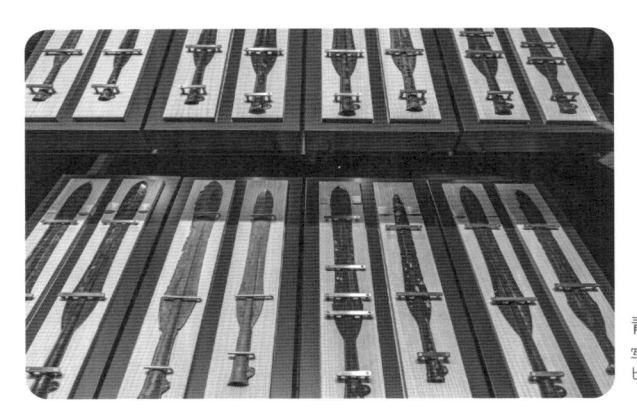

青銅器
写真提供：
ピスクタ

　また原材料が豊富で鋭い刃物を作ることができる鉄が、4000年ほど前から広く使われるようになりました。鉄に炭素を混ぜて強度を高めた鋼を作ったり、焼き入れや焼きなましという技術を開発することで、より強く切れ味の鋭い刃物や丈夫な道具が作られるようになっていきました。

　この間に何千年という長い時間が流れますが、こうして古代人の「科学技術」は着実に進歩し続けていたのです。

　道具と火の発明は、人類の工業技術を大きく変革していきました。

● 言葉の発明

　言葉（話し言葉）も人類が獲得した貴重な道具の一つです。いつ頃から言葉が使われ始めたかは定かではありませんが、動物たちが鳴き声や吠えることで危険を知らせたり、怒りや喜びを表現したり、異性を求めたりしていることから見ても、原始の人類も喉を振るわせて音を発していたことでしょう。知恵がついてくるとともに、動物たちよりは詳しく意味を伝え合うことができるようになっていきました。

　文字が生まれたのはいつ頃でしょうか。現物が残っているもので最も古いものは、5000年ほど前のメソポタミアの楔形文字とされています。いきなり文字が現れるわけはないので、さらにそれよりも前から文字はあったのでしょう。

楔形文字
写真提供：
ピスクタ

　しかし、いつ頃かは定かではありませんが、話し言葉は文字よりもはるか以前に発明されていました。言葉はコミュニケーションの道具として絶大な力を持っています。人と人がコミュニケーションすることによって情報を伝え、共有することができたのです。今と同じです。PCがスタンドアロン（単独）で使われていたときは、情

報の拡がりは、フロッピーディスクなどを介しての極めてスローな
ものでしたが、ネットワークでつながるようになって、PCの情報
処理のパワーは段違いに向上しました。そして、1990年代のイン
ターネットの普及によって、地球を覆うネットワークは、あたかも
脳神経細胞のように情報を交換しながら脳さながらに動くようにな
りました。

　言葉の発明は人類の歴史の発達を加速させていったのです。

2　石炭・石油の利用 ——技術史の概観（2）

● 技術の進歩とエネルギー資源

　古代の人類は食物となる獲物を得る必要から、また、より便利で
豊かな生活を求めて科学技術を発達させていきました。この流れは
時代が進むとともに速くなっていきました。17世紀あたりまでは、
人類の科学技術はゆっくり進歩していきましたが、18世紀になっ
て劇的な変化が起こりました。機械工業が急速に発展し、人々の生
活と社会が大きく変化していきました。その革命的な進化をもたら
したのが新しい動力の発明です。

　1776年、蒸気機関という新しいエネルギーが発明されました。
イギリスの技術者ジェームズ・ワット（1736−1819）によるもので、
イギリス人のトーマス・ニューコメン（1663−1729）が1712年に
発明した蒸気機関を改良し、産業用途に使えるような高性能の蒸気
機関を開発したのです。蒸気機関とは、ボイラーで沸かしたお湯か
ら出る蒸気をシリンダーに導入し、上下のピストン運動を回転運動
に変えるものです。回転するエネルギーを取り出すことができれば、

今の電気モーターと同じで、歯車やベルトを介して、用途に合わせた力を生み出すことができます。

蒸気機関の構造

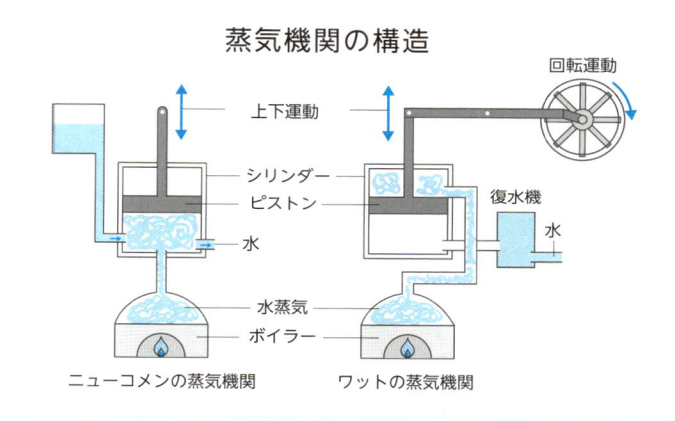

回転運動

上下運動

シリンダー
ピストン
水

復水機
水

水蒸気
ボイラー

ニューコメンの蒸気機関　　　　ワットの蒸気機関

　ワットの実用的な蒸気機関の発明によって、イギリスでは工業が急速に発達していきました。それまで家内工業的な小さな工場で行なっていたことを、大工場でシステマチックに大量生産できるようになり、産業構造が大きく変革していったのです。そこで、これを産業革命と呼んでいます。この新しい技術を利用した工業生産はまたたくうちに世界に拡がっていきました。

　エネルギー資源から見ると18世紀の産業革命は石炭がエネルギーの源でしたが、時代が進み、19世紀半ばになると石油が新しいエネルギー源として登場してきました。史上初めて石油の採掘を行なったのはアメリカで、1859年のことでした。1870年代になるとロシアで掘削が始まり、19世紀末から20世紀にかけて、中東で石油が掘られるようになりました（出典：『石油便覧』エネオス）。現在は最も重要なエネルギー資源となっている石油ですが、エネルギーとしての利用から見ると意外と歴史は浅いのです。

石油は石炭よりもエネルギー密度が高く、大きなエネルギーを取り出せるので、石油の利用が科学技術の進歩を一層加速させました。1892年にはドイツの技術者ルドルフ・ディーゼル（1858−1913）によってディーゼルエンジンが発明され、1886年、同じくドイツの技術者ゴットリープ・ダイムラー（1834−1900）が内燃機関を搭載した自動車を発明しました。

　内燃機関とは、石油などのエネルギー源の燃焼を機関の内部の閉じた空間で行なうものです。蒸気機関は外部で発生させた熱（水蒸気）を利用するので外燃機関と呼びます。内燃機関は、小型化できてエネルギーが熱として外部に逃げにくいため効率がよく、蒸気機関と比べて取り扱いが楽という大きな特長があります。そのため、自動車の動力として広く使われるようになっていったのです。内燃機関はさらに小型軽量が求められる飛行機にまで搭載されるようになりました。

内燃機関の仕組み

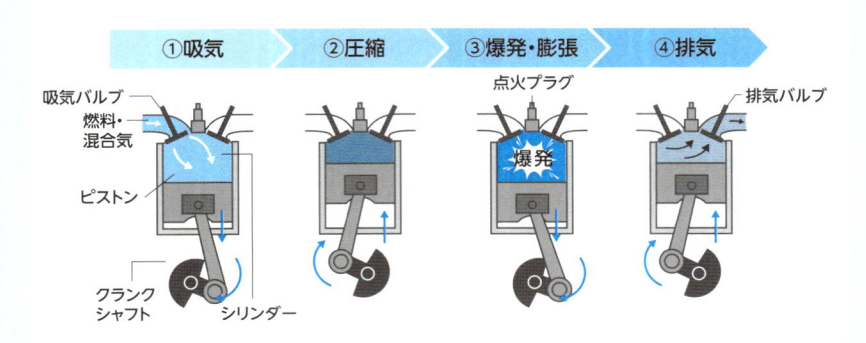

①吸気　②圧縮　③爆発・膨張　④排気

吸気バルブ　燃料・混合気　ピストン　クランクシャフト　シリンダー　点火プラグ　爆発　排気バルブ

　ライト兄弟（兄・ウィルバー・ライト（1867−1912）、弟オーヴィル・ライト（1871−1948）は1903年に史上初の有人動力飛行に成

功しましたが、これも内燃機関があったおかげです。蒸気機関による飛行機も構想されていましたが、重すぎて飛ぶことはできませんでした。イギリスの技術者ウィリアム・サミュエル・ヘンソン（1812－1888）が提案した蒸気動力飛行機構想（1842年）が知られています。

　蒸気機関・石炭・石油と新しいエネルギーの開発とともに科学技術は劇的に進歩していきました。そしていよいよ、電気エネルギーが登場します。これが社会をそれまでにないほど大きく変えていくのです。

3　電気エネルギーの発明 ——技術史の概観（3）

● 電気エネルギーの登場

　古代ギリシャの時代から電気は静電気として知られていましたが、その正体がなんであるかはよくわかっていませんでした。18世紀半ば、アメリカの科学者ベンジャミン・フランクリン（1706－1790）は、雷が鳴っているときに凧あげをして、雷の電気を手元

ライデン瓶の構造

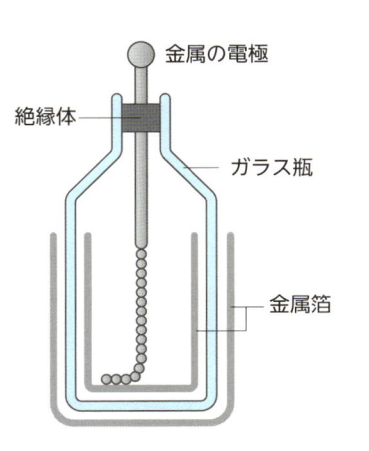

金属の電極
絶縁体
ガラス瓶
金属箔

の瓶（ライデン瓶）にため、雷は電気であることを証明しました。フランクリンは避雷針を発明したことでも知られています。ちなみにフランクリンは、政治家としても有名で、アメリカの独立宣言の起草や合衆国憲法の制定にも関わっています。

　この頃までは、電気の正体を知りたいという科学的な好奇心に基づくものでしたが、次第に工学的に電力を作ろうという試みが行なわれるようになりました。1800年、イタリアの物理学者アレッサンドロ・ボルタ（1745－1827）は、亜鉛と銅の板の間に電解液として希硫酸をしみこませた布を挟み、電気を起こすことに成功しました。これがボルタ電池です。

ボルタ電池

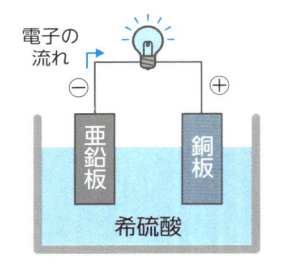

ボルタ電池は史上初の電池で、電圧の単位ボルト（記号：V）はアレッサンドロ・ボルタから来ています。

　1820年、フランスの物理学者アンドレ＝マリ・アン

アンペールの法則

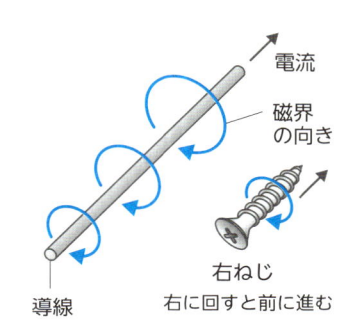

ペール（1775－1836）が、電気と磁場の関係を明らかにしました。導線に電流が流れると、磁力線は電流の進む方向に対して右回りになるというものです。これを右ねじの法則（アンペールの法則）といい

ます。ねじを何かに差し込むときは右向きに回すため、この向きが磁場の方向と同じなので、右ねじの法則と名づけられました。

　このアンペールの発見を耳にしたイギリスの物理学者マイケル・ファラデー（1791－1867）は、巻いた導線の内部あるいは近くで、永久磁石を動かすとコイルに電流が流れることを発見しました。1831年のことです。この現象を「電磁誘導」といいます。磁場の変化が電流を引き起こすのです。この発見こそが近代・現代へと続く第2次産業革命の幕を切って落としました。

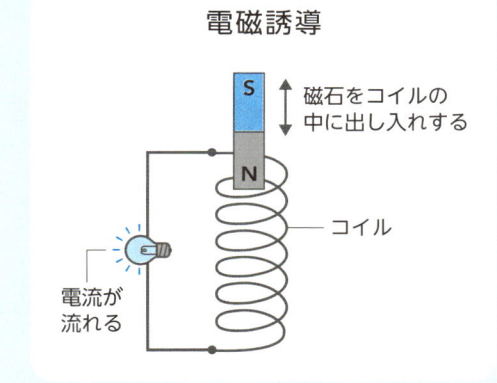

電磁誘導

磁石をコイルの中に出し入れする

コイル

電流が流れる

　電磁誘導の発見によって、電気で動く電気モーターが作られ、電力が新たな動力源となり、生産・移動・運搬など社会のあらゆる分野に大革命を起こしました。また電気は動力としてだけでなく、照明として使われることで、人の活動時間を夜間にまで拡げ、産業や経済を活性化していきました。

　動力や照明の他、重要な応用の一つに電気通信があります。1837年にアメリカのサミュエル・モールス（1791－1872）がモールス符号（短音と長音の組み合わせでアルファベット・数字・記号を表します）を発明し、有線の電気信号を使って通信を行なうことが可能であることを実験により証明しました。1876年にはアメリカの物理学者グラハム・ベル（1847－1922）が電話を発明し、通信が世の中を大きく変えていきました。電話の開発はベルの前にもい

ろいろと試みられ、1854年にイタリア人のアントニオ・メウッチ（1808－1889）が史上初の電話を考案しており、電話の発明者はメウッチともいわれています。

　さらに、1896年にはイタリアの技術者グリエルモ・マルコーニ（1874－1937）が初めての無線通信に成功し、1901年にはイギリスと北米大陸の間約3200キロメートルという当時としては超長距離の無線通信に成功しました。無線通信の発明によって、通信相手のところまで電線を引く必要がなくなり、コミュニケーションが飛躍的に進歩していきました。

● コンピュータの登場

　20世紀は電気というエネルギーを使うことで産業も経済も劇的に発達した世紀です。こんなに短時間で文明と技術が発達した時代はありませんでした。電気は動力・照明・通信だけでなく、まったく新しい技術であるデジタル計算方式の世界を開いたという意味でも画期的です。それまで計算はすべて、手作業か、せいぜいアナログ式の計算機械で行なっていました。その計算をデジタル方式、つまり0と1の二値で表す二進法で行なえるコンピュータが登場したのです。

　これは科学技術の歴史からいって、道具の発明・火の発見を超えるよう

二進法とは

十進法	二進法
0	0000
1	0001
2	0010
3	0011
4	0100
5	0101
6	0110
7	0111
8	1000
9	1001
10	1010
11	1011
⋮	⋮
人間	コンピュータ
2+3	0010+0011
↓	↓
5	0101

な大きな意味を持っているといえます。コンピュータによって人類の知能は大きく飛躍しました。計算能力が何万倍・何億倍になっただけでなく、ソフトウェアという抽象的な概念を持つ手法（プログラミング）によって、どんなことでも行なえるようになったのです。アイデアや知的営為がそのまま拡張され、仕事や生活に役立てることができるようになりました。さらにコンピュータがインターネットにつながることで、まさに世界中の叡智が集積されてきたのです。検索システムもAI（Artificial Intelligence）も画像認識も、コンピュータとネットワーク、そしてそれらを動かすアイデアの集積であるソフトウェアによって、社会は大きく変わってきたのです。

　その最初のコンピュータが20世紀半ばに生まれました。1946年に実用的なコンピュータの祖といえるエニアック（ENIAC）が米ペンシルバニア大学のジョン・モークリー（1907－1980）とジョン・プレスパー・エッカート（1919－1995）によって開発されました。

エニアック
（ENIAC）

　もともとは米陸軍の大砲の弾道計算をするために作られたもので、約1万8000本の真空管を使って、オンオフを切り替えるスイッチとしていました。真空管を使っていたため非常に故障が多かったそ

うです。真空管は電極を加熱させることで作動しますから、白熱灯の電球と同じで、寿命があまり長くなかったのです。世界最初のコンピュータ、エニアックは実は二進法ではなく十進法で計算していましたから、そういう意味では、現在のコンピュータとは少し違うのですが、モークリーとエッカートがエニアックに続いて開発したエドバック（EDVAC、1951年）は二進法で計算し、プログラム内蔵型のノイマン式のコンピュータでした。現在私たちが使っているコンピュータと同じ方式のコンピュータという意味ではエドバックが最初といえるでしょう。

エドバック
（EDVAC）

　その後、メインフレームと呼ばれる大型コンピュータが続々と開発され、列車の発券システム・運行システム、銀行の基幹システム、大量データの統計などで使われるようになりました。加えて、オフィス向けに少し小型のミニコン、さらにはオフコン（オフィスコンピュータの略）が登場し、オフィスオートメーション（OA）を押し進めていきました。

　ソフトウェアも、基本ソフト（OS）と応用ソフト（アプリケーショ

ン)に分かれて作成されるようになりました。初期のメインフレーム向けにはFORTRANやCOBOLという基本ソフトが使われ、オフィス用の小型コンピュータにはUNIXなども使われるようになり、プログラミングがより容易になっていきました。

1976年にはパーソナルコンピュータの祖といえる『アップルI』が、アップルコンピュータ社のスティーブ・ジョブズ(1955−2011)とスティーブ・ウォズニアック(1950−)によって開発され、翌1977年には史上初の本格的パーソナルコンピュータ『アップルII』が発売されました。

アップルII
©Le Musée Bolo

それから約半世紀の間に、コンピュータと電気通信技術は目覚ましく進歩し、現代のインターネットとスマートフォンに代表されるデジタルな世界が登場してきたのです。

以上、人類が初めて火や石器などの道具を持ってから、現在までを概観してきました。それぞれの技術については後ほど詳細に述べます。

4 「科学」と「科学技術」はどう違うのか

　科学技術の進歩が人間の暮らしを大きく変え、生活は豊かになり社会も安定していきました。「科学技術」という言葉は「科学」と「技術」を組み合わせた言葉です。科学と科学技術はどのように違うのでしょうか。技術は『明鏡国語辞典』によると、「物を作るわざ。また、物事を扱い、処理するわざ」となっています。弓矢を作ったり焼き物を作ったりする技能が「技術」ですが、技術はほとんどの場合、科学の応用で成り立っています。科学とはあまり縁のない「技術」は、芸術作品を創造する技術くらいかもしれません。しかし芸術作品にしても、陶芸なら釉薬の化学反応、温度管理、油絵なら絵の具の混合による光学的な反射と吸収、シンメトリーな構図や遠近法など、技巧を施そうと思えば思うほど、物理や幾何学の知識が必要になってきます。

　科学は自然界の原理・法則を追究する学問です。それに対して科学技術は、科学の知見を応用して人類社会に役立つものを作り出していくものです。科学は自然科学という言葉とほとんど等しいと考えられます。物質とは何か、宇宙とは何か、

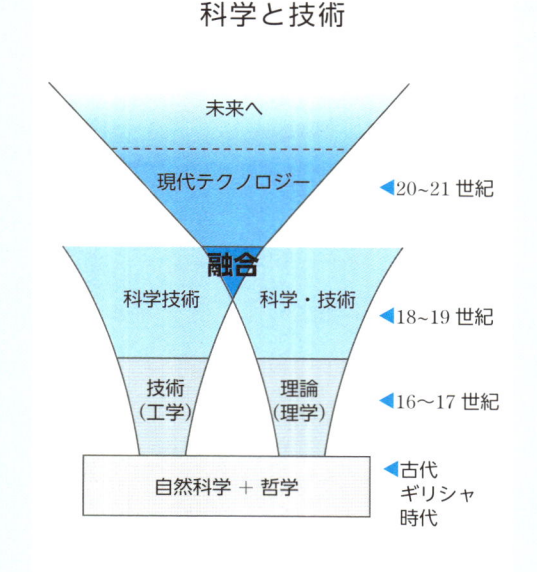

科学と技術

未来へ

現代テクノロジー　◀20~21 世紀

融合

科学技術　科学・技術　◀18~19 世紀

技術（工学）　理論（理学）　◀16~17 世紀

自然科学 ＋ 哲学　◀古代ギリシャ時代

生命とは何かといったこの世界の根本原理を探る分野です。例えるなら、科学と技術の違いは、大学の理学部と工学部の違いといってもいいでしょう。

● 工学が社会を変える

石器から始まる古代の技術の変遷を見ればわかるように、科学の知見はすぐに工学として応用されてきました。よりよい道具を発明するには、科学によって解明された知見が必要とされました。鉄に炭素を混ぜると硬い鋼になるという発見は、最初は偶然に見つかったのでしょう。そこに気づいた私たちの先祖は、炭素の量を変え、温度を変えて実験を何度も行なっていくことで最適な炭素と鉄の割合を見出していったのでしょう。また、鉄や炭素の融点などを調べていく過程で、鉄や炭素そのものの性質が解明され、その知識がさらに優れた製品づくりに役立っていったのです。

このように科学と技術は一体となって進歩していきました。そのため、科学技術という言葉が使われているのです。

よく科学は自然界の真理の探究であるといわれます。素粒子物理学や量子力学といった学問は確かに、自然の根源を追究する分野ですが、そこから半導体・原子力・量子コンピュータ・量子暗号などが生まれています。科学は技術と一体になった科学技術となって社会を大きく変革していくのです。

一方で、「科学とは何か」という哲学的な問いも重要です。人間には「自分たちは何者で、どこから来てどこへ行くのか」という根源的な問いかけがあるからです。これは決して答えの出ない問題ですが、物質の最小単位は何か、宇宙はどのようにして生まれたのか

を探究することによって、人類の存在に「意味」を見出せるかもしれません。しかし、科学とは何かという深いテーマは、科学というより哲学の分野かもしれません。

また、「技術」となった科学には負の側面もあります。核兵器を始めとする大量殺りく兵器の開発や公害などの環境汚染です。

科学技術の負の側面が目立ち始めたのは、第二次世界大戦後で、世界各国の経済が急成長した頃の公害などの環境汚染があげられます。さらに、インターネットが普及し始めた2000年前後以降にはそれまでになかった新しいタイプの問題が浮かび上がってきました。代表的な事例が、SNSの普及や、フェイクニュース・フェイク動画や画像の問題です。これらのメディアやコンテンツには相当注意深く接しないと、意図しない方向に扇動されてしまいます。また2020年前後からメタバースと呼ばれる仮想の世界にオンラインで参加する技術が発達し、以前とは段違いに精細な映像により、VRゴーグルを使ってあたかも実空間の中にいるかのような感覚を味わうことができるようになりました。

これら、コンピュータの高性能化とともに登場してきたメディアの大きな特徴は、進化のスピードが非常に速いということです。

人類が石器を使い始めてから青銅器や鉄器が生まれるまでには、数百万年の年月がかかりました。しかし、最初のコンピュータが登場した20世紀半ばから数えても、たったの七十数年で現在の姿まで進化してしまったのです。しかも、現在も進化の最中です。この先、科学技術の進化のスピードはさらに加速していくことでしょう。人間の脳の能力をはるかに超えるAI、人間そっくりのロボットのアンドロイド、そういったものが、超高速インターネットで世界中

とリアルタイムでつながります。

　果たして、そういう時代に人間の脳は耐えていけるのでしょうか。また、そのような最新のハイテク技術が間違った使い方をされることはないのでしょうか。こういう問題に対して人間の叡智を集積して考えていくのも科学の役目といえるでしょう。

● 科学倫理を考える

　科学技術の世界では、このところELSI（エルシー）という概念が注目されています。Ethical, Legal and Social Issuesの頭文字をとったもので、科学技術が社会において一般の人たちに広く使われていくときに生ずる倫理的な問題点、法の整備といったあらゆる社会問題を考えていくことをいいます。1990年代のアメリカで、ヒトゲノムの解析プロジェクトが開始されたときに提唱された概念とされています。ヒトゲノムがすべて解析されたらクローン人間が作られるかもしれないからです。現在は、脳科学やAIが急激に進歩し、脳内部の活動状況をモニターすることによって考えていることをある程度推定したりできるようになっており、また人間の能力をはるかに超えるAIの登場が予測されていますから、ELSIは避けて通れない概念となっています。

　科学技術の負の側面には十分に注意する必要があります。倫理的規範を無視することが平気であったり、軍事優先で倫理なんかあまり重視しない国もありえます。新しい技術があれば、それが人類を破滅させるかもしれなくても、必ず自国優先で使う人たちが出てくるのです。

科 学 技 術 の 歴 史

	紀元前 400 年頃	デモクリトスが万物は原子からできていると考えた。
	紀元前 300 年代	アリストテレスは『天体論』を著し天動説をとなえた。
	紀元前 200 年代	アルキメデスが浮力の原理を発見。
	紀元前 200 年代	エラトステネスが地球の全周の長さを測定。
	105 年頃	後漢の蔡倫が紙を作る。
	2 世紀	プトレマイオスの天動説。
	10 世紀	イブン・アルハイサムが光学や眼球の仕組みを研究。
	11 世紀	航海で用いる羅針盤が発明される。
	12 世紀	ヨーロッパでギルド制度ができ、職人（技術者）の時代が始まる。
	13 世紀	銃の発明。（諸説あり）
15 世紀	15 世紀後半から	レオナルド・ダ・ヴィンチが科学技術の研究と発明を行なう。
	1492 年	コロンブスがアメリカ大陸を発見。
16 世紀	1569 年	メルカトルが航海用の地図を作る。
	1582 年	グレゴリウス 13 世がグレゴリオ暦を作る。

世 界 の 出 来 事

	紀元前 5000 年頃	エジプト文明・黄河文明が始まる。
	紀元前 4500 年頃	メソポタミア文明が始まる。
	紀元前 3000 年頃	ギリシャ文明が始まる。
	紀元前 2300 年頃	インダス文明が始まる。
1 世紀	79 年	ヴェスヴィオ火山大噴火、ポンペイの街が埋まる。
3 世紀	220 年	中国、三国時代始まる。
4 世紀	4 ～ 6 世紀末	ゲルマン人大移動。
	395 年	ローマ帝国、東西に分裂。

13世紀	1275年	マルコ・ポーロ中国（元）へ行く。
	1299年	オスマントルコ勃興。
14世紀	14世紀頃	ヨーロッパでルネサンスの思潮が拡がる。
15世紀	1492年	コロンブス、アメリカ大陸発見。
	1498年	バスコ・ダ・ガマ、インド航路発見。

日 本 の 出 来 事

	2000万年〜 1500万年前	日本列島がユーラシア大陸から分離。
	10万年前	石器時代始まる。
	1万3000年前	縄文時代始まる。
	3000年前	稲作が始まる。
1世紀	57年	倭奴国王が後漢に使節を送り光武帝から「漢委奴国王」の金印を受ける。
2世紀	2世紀〜3世紀	ヤマト王権ができる。
3世紀	239年頃	卑弥呼が魏の国に使節を送る。
8世紀	710年	平城京遷都。
	794年	平安京遷都。
9世紀	804年	遣唐使船で空海と最澄が唐へ。
	864年	富士山大噴火（貞観6年）。
10世紀	901年	菅原道真、大宰府に流される。
11世紀	1001年	『枕草子』執筆。
	1007年	『源氏物語』執筆。
	1016年	藤原道長が摂政となり、藤原氏の世となる。
12世紀	1167年	平清盛太政大臣に。
	1185年	壇ノ浦の合戦で平家が滅亡する。
	1185年	源頼朝が権力を握り、鎌倉時代始まる。

12世紀	1192年	源頼朝が征夷大将軍に。
13世紀	1274年	1回目の元寇。
	1281年	2回目の元寇。
14世紀	1336年	室町時代始まる。
15世紀	1467年	応仁の乱。

第1章

近代科学の始まり

——16世紀から17世紀頃まで

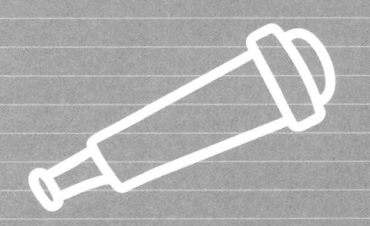

最も古い自然科学、天文学の発達・暦と数の発明

—— ユリウス・カエサル

● 暦の発明

　天文学は最も古い自然科学といっていいかもしれません。古代の人々が生きていた頃の夜空は、現在のような人工的な灯りがないのでたくさんの星が見えました。星は最も身近にある自然の一つでした。星は毎晩、東の空から西の空へと規則正しく移動し、1年経てば、同じ星々が再び空に現れることに人は気づきました。星の並びはまるで天というスクリーンに描いた絵のように同じ形をしており、そこから、想像力を働かせて星座のようなわかりやすい形を見つけていきました。

　さらに、詳しく観察すると、天空のスクリーンに投影されたかのような同じ並びの星々の間を動いていく星があります。あるときは東に向かい（順行という）、またあるときは西に向かい（逆行）ます。このような他の多くの星とは異なる動きをする星にも気づき、不思議に思ったことでしょう。背景の動かない星は恒星、動き回る星は惑星です。惑ったような動きをするため惑星といいます。英語のplanetも語源は「放浪するもの」という意味です。惑星は金星・火星・木星・土星など明るい星が多いので動きが特に目立ちました。

惑星がなぜこのように、不規則に動く（動いて見える）のかがわかったのはずっと後ですが、古代の人々の目を引いたことは間違いありません。

　もっと動きがわかりやすかったのは月と太陽です。月はほぼ1か月で満ち欠けしながら天空を一回りすることを繰り返します。太陽は、毎日夜明けとともに東の空に昇り、夕方には西の地平線に沈みます。

　古代の人たちは、星・月・太陽の動きから何を知ったのでしょうか。それは暦です。ここでも、自然科学からその応用である技術への移転が読み取れます。

　最古の暦がいつ頃発明されたかはよくわかっていませんが、暦は農耕技術の発達とともに自然に発展していったのでしょう。

　有名なのがシリウス（おおいぬ座アルファ星、全天で最も明るいマイナス1.4等級の星）の動きから作ったといわれる古代エジプトの暦です。紀元前4000年頃に作られたもので、太陽が昇ってくるよりも少し前にシリウスが、東の地平線から出てくる頃を1年の始めとして作った暦です。ナイル川は、毎年7月ごろに氾濫していましたが、その時期を知るために作られたといわれています。ナイル川の氾濫によって流域に流れた肥沃な土は、作物を育てるために有用だったのです。その時期を知るために、シリウスの動きを見ていたのです。この暦は1年を12か月としたもので、現在の暦に近いものでした。

　その頃には、太陽ではなく月の動きから時間の経過を知る太陰暦も作られました。古代オリエントのメソポタミア文明では、月の満ち欠けと動きから時間を計っていたといわれています。月は約

29.5日で空を一周しますからこれを元にして暦を作成します。太陽が天球を一回りするところから決めた1年である365日には5日ほど足りなくなります。そこで、これを補正したものが作られました。これが太陰太陽暦です。月の動きと満ち欠けは、誰から見てもわかりやすいので、日常生活においては便利かもしれませんが、農耕の目安とするには、年を追うごとにずれていってしまい都合が悪いのです。

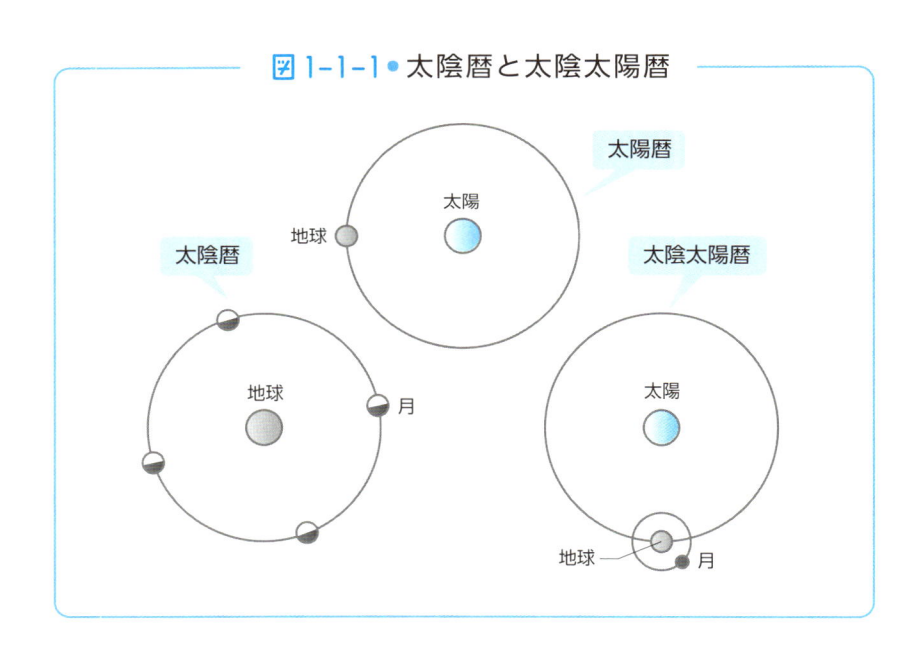

図1-1-1●太陰暦と太陰太陽暦

● 太陽の動きを元にしたユリウス暦

暦も文明が進むとともに、より正確で合理的なものが求められるようになっていき、紀元前46年には、ユリウス・カエサル（ジュリアス・シーザー）によってユリウス暦が作られました。これは太陽暦を元にして4年に1回1日を増やすものです。ユリウス暦はヨー

ロッパを中心に長く使われましたが、長い間に誤差が出てきたため、1582年にローマ教皇グレゴリウス13世がグレゴリオ暦を作りました。これが現在私たちが使用している暦です。

　農耕の普及とともに太陽暦が作られ、それも次第に改良されて、現在のような暦法ができあがっていったのです。人口の増加に伴う社会の発展の結果、社会を秩序正しく動かしていくには正確な時間が必要なのです。

　時間の基本単位である1秒は、現在セシウム原子の出す光の波長から決められています。国際単位系(SI)において1秒は「セシウム133原子の基底状態の2つの超微細構造準位の遷移に対応する放射の周期の91億9263万1770倍の継続時間」と定義されています。世界の時間の基準も、世界各国の原子時計が刻む時間(原子時)を元に決めています。これほど正確な時間が必要になったのも、科学現象の観察が、ナノ秒(10億分の1秒)・フェムト秒(1000兆分の1秒)という極めて短い時間で行なわれる必要が出てきたからです。1フェムト秒は光が0.3マイクロメートル進む時間と言えば、その短さがわかると思います。

数と単位の発明

── イメージの論理化

　人類の文明が進むとともに、数や量を記録したり伝達したりする必要が生じてきました。そのために、数を数えることを覚え、それを単位を使って表すことを学んでいったのだと思います。

　旧石器時代には動物の骨に石器製のナイフで刻みを入れて、数を数えていました。おそらく獲った動物の数などを記録したり、他の人に知らせるためのものだったのでしょう。紀元前1万5000年頃のものとされる切り刻んだ跡の残っているトナカイの骨が発見されています。

　これらの切り込みは、祭祀や占いのような使われ方もしたのかもしれませんが、どちらにしても、数や量の記録であることは間違いないでしょう。やがて時代が進むと、租税のためや商取引に必要になってきましたから、数字は重要なツールでした。数万年前の旧石器時代に、人類はすでに数という抽象的な概念を理解し活用していたのだと思われます。

　数や量を表すために発明されたのが単位です。紀元前6000年頃の古代メソポタミアやエジプトで生まれたとされる長さの単位キュビットは肘を直角に折り曲げて立てたときの、肘から中指の先まで

の長さから作られました。　1キュビットは50センチメートル前後の長さです。この他、古代の単位は人の身体の一部や植物など身近なものから作られました。長さの単位フートは足の裏のかかとからつま先までの長さから作られたもので、約30センチメートルです。この単位はフィート（フートの複数形）として、今もヤード・ポンド法で使われています。現在の1フィートは30.48センチメートル。インチは手指の親指の幅から来たといわれています。現在の1インチは2.54センチメートル。

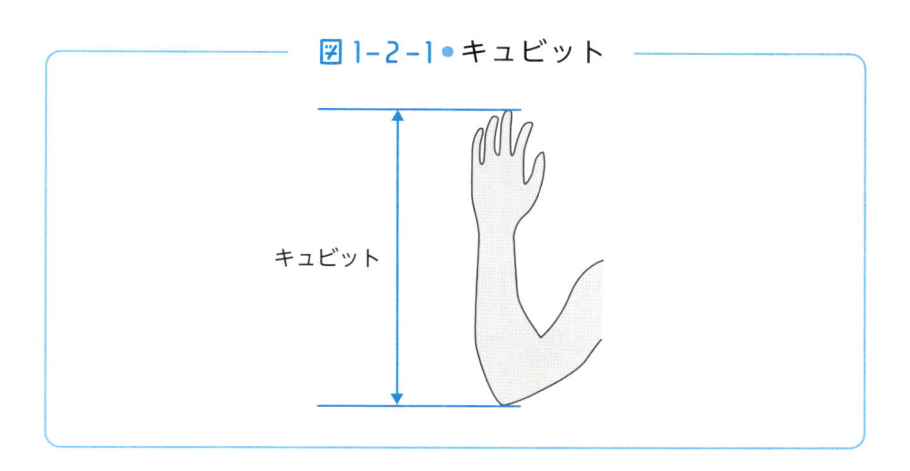

図1-2-1●キュビット

キュビット

　人類は、数と単位を発明することで、物や現象を定量的に捉えることができるようになりました。定量的な情報は物事を客観的に観察・観測することで得られます。科学技術にとって非常に重要な概念です。

　紀元前3000年頃の古代メソポタミアではシュメール人が文字を発明し、その中に数を表す記号が登場しています。作物の収穫量や租税のために必要とされていたようです。人口が増え社会規模が大きくなるとともに、遠隔地と交易が行なわれるようになり、売り買

いした商品と金額の管理を行なう必要が出てきます。

　最初は単純に物を数えるだけの、1・2・3といった自然数でしたが、すぐに分数で表す方法が考え出されました。古代メソポタミアやエジプトではすでに分数が使われていました。一つのものを2等分して2分の1で表したり、それをさらに半分にして4分の1とするのは、非常にやりやすくわかりやすい方法だったからだと思われます。

　さらに人類は、自然数ではない数である無理数という数字を編み出しました。無理数とは$\sqrt{}$（平方根）で表されるような数で、例えば$\sqrt{2}$は、1.414213と小数点以下に数字が、同じ数字の列を繰り返すことなく無限に続きます。

　このように数を数えるところから始まった数学は、平方根、三角関数、微積分、対数、……と進化していき、自然科学の探究や科学技術の発展に寄与していきました。数学なしでは科学も科学技術も成り立ちません。

1-3

科学から技術へ

—— 観測と実験

● 中世のしがらみからの脱出

　科学とは客観的な観測・観察を元に、物事の本質や法則性を示すもので、他者が実験等により確認できる再現性を持つものをいいます。観測と実験によって自然現象の本質に迫る近代的科学者が現れてきたのが、中世から近世にかけての時代でした。

　ヨーロッパの中世は14世紀くらいで終わり、15世紀にかけてのルネサンス（文芸復興）が起こった頃から近世が始まります。その後、産業革命やフランス革命が起こるまでは近世で、それ以降は近代に分類されます。この時代分類は諸説あるようなので、科学技術史的に見ると、迷信から解き放たれ客観的、論理的に自然現象を見ることができるようになった頃が近代の始まりといえるでしょう。しかし、中世と近代の間にあった近世は、古いキリスト教的価値観と理性・論理性がせめぎ合った時代であったともいえます。

　それは天動説から地動説への流れを見てもわかります。2世紀のアレキサンドリアの天文学者クラウディオス・プトレマイオス（100頃－170頃）は天体の動きを観測し、天体は地球を中心として動いているという説をとなえました。彼は『アルマゲスト』という書物

を著し、宇宙の中心を地球とし、天体は地球の周りの円周に沿って動いており、明るい5つの惑星（水星・金星・火星・木星・土星）が特異な動きをするのは、円周上に中心を持つ小さな円周を公転しているからだと説明しました。この天動説は、15世紀にポーランドの天文学者ニコラウス・コペルニクス（1473－1543）が現れるまで、およそ1400年もの間、宇宙観の定説となっていました。

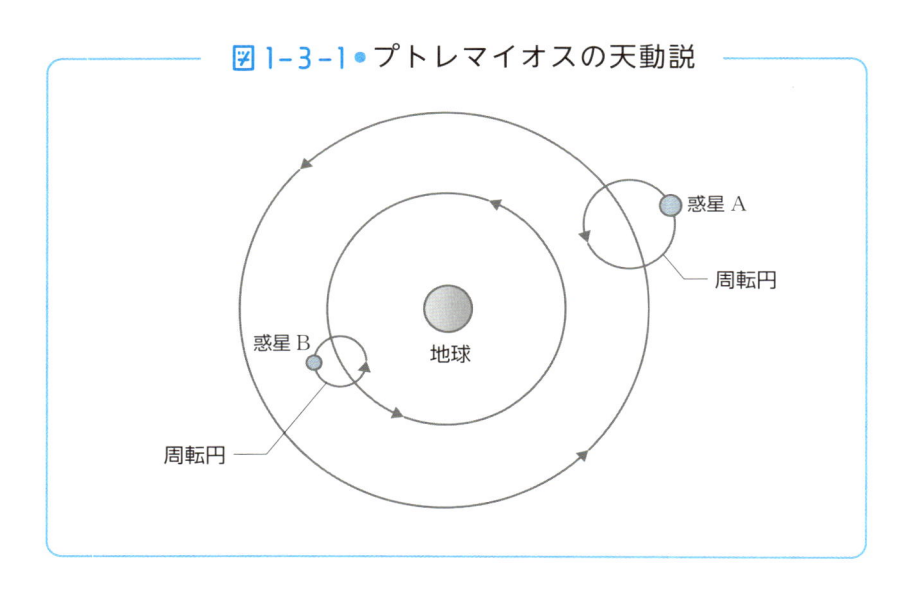

図 1－3－1 ● プトレマイオスの天動説

惑星 A

周転円

惑星 B

地球

周転円

　しかし天体の動きをより詳しく観察していくと、次第に説明のつかない矛盾点が出てきました。

　それでも長い間、天動説が宇宙観を支配してきたのは、キリスト教という宗教との整合性がよかったということもあったでしょう。天界は神の住処であり、地上は神が作った不動で絶対的な場所という位置づけだったのです。このような宗教観を元にして、天動説が支持されてきました。宗教では科学的な根拠よりも、教義や哲学が優先されるため、1400年もの間、人々の心に深く沁み通っていた

天動説を変えることは、なかなかできなかったのでしょう。

● コペルニクスの地動説

　コペルニクスは自身も聖職者でしたが、観測したデータを分析して地球が太陽の周りを回っていると考えれば、惑星の奇妙な動き（順行や逆行など）をうまく説明できることに気づきました。彼は『天球の回転について』（1543年）を著し、地動説について詳しく解説しました。同書に描かれている「太陽系」の構造は、現在のものとほとんど同じようなものでした。天体は太陽を中心として回って（公転）おり、地球の軌道より内側を水星と金星が公転し、地球軌道の外側を火星・木星・土星が公転しています。恒星はさらにその外側にあります。月はちゃんと地球を中心として公転しているように描かれています。

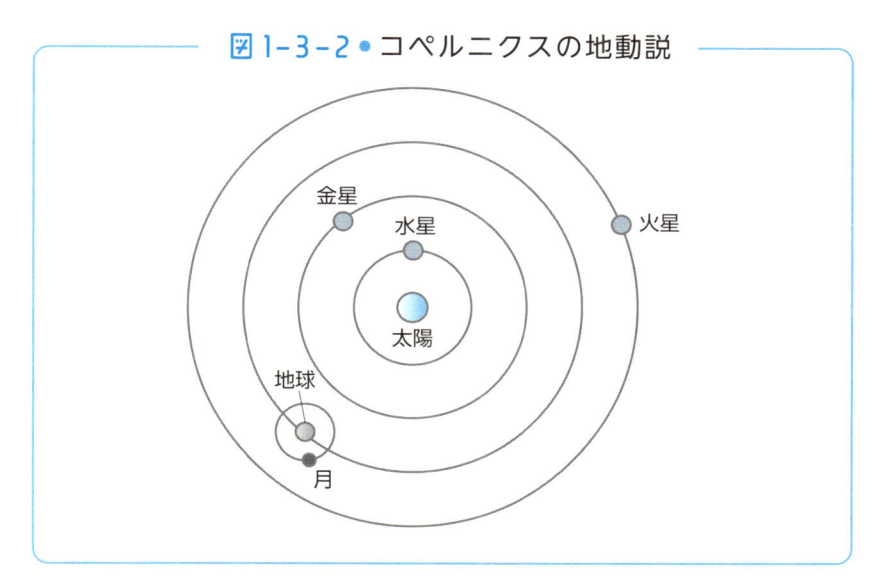

図1-3-2 ● コペルニクスの地動説

　コペルニクスの精密な観測に基づく論理的な考え方は、次第にキ

リスト教の神学的思想から離れ、理性の支配する時代を切り拓いていきます。コペルニクスに続いて登場する、ヨハネス・ケプラー（1571－1630）、ガリレオ・ガリレイ（1564－1642）、アイザック・ニュートン（1642－1727）といった観測と数学に基づく新しい思考ができる科学者の時代が始まるのです。天動説から地動説への転換とともに、時代の思潮は中世という迷妄の時代と訣別し、新しい時代へと移っていくのです。

● ルネサンスの思潮

　この時代を代表する出来事として、14世紀から15世紀にかけてイタリアで起こったルネサンスの思潮をとり上げないわけにはいきません。ルネサンスは古代ギリシャやローマの古典的な芸術や学術に戻ろうというもので、美と理想を掲げ、個人の意思や感情を尊重しようという運動でした。中世のヨーロッパはキリスト教会の権力が増大するとともに、論理に論理を重ねるように肥大化していきました。このような窮屈な世界から脱し、各自が人間らしく生きようという機運が生まれてきたのです。

　1517年にはマルチン・ルター（1483－1546）が宗教改革を起こしました。当時の教会はお金を出して免罪符を買えば罪がなくなるといって、お金を集めていたのですが、このような腐敗を正す運動が宗教改革でした。

　ルネサンスの時代の気運の中で、芸術方面では新しい絵画表現と文化が華開いたのです。ルネサンスを代表する芸術家はレオナルド・ダ・ヴィンチ（1452－1519）です。レオナルドは芸術家であると同時に、水理学（流体力学）の実務家でもあり、また科学全般に天才的

な洞察を加えたことでも知られています。彼の描いた『モナリザ』（1503年頃）の背景には、海か湖に向かって蛇行しながら流れる水のようすが描かれていますが、これも彼が水理学（流体力学）に詳しかったからこその構図なのでしょう。最近の研究成果によれば、この作品の背景は、イタリアのトスカーナ州のラテリーナという街だそうです。向かって右に見える橋と左に見える山の稜線が一致しているといいます。

　ルネサンス期はキリスト教的な神のしもべとしての人間から、個人の感じ方や考え方を重視した、個人の復興、いわば個人主義の始まりでもあったのです。このような個人を主体とした論理的・理性的な考え方が、科学を近代につながるものとして格段と進歩させていきました。社会の近代化は科学技術が牽引したといっていいかもしれません。

図1-3-3 ● モナリザ

● イスラム科学からの影響

　13世紀のスコラ哲学者（キリスト教の教えを基礎とする学者）で科学者でもあったロジャー・ベーコン（1219－1292）は、近代的な科学的手法の先駆けとして知られています。彼は、聖職者・哲学者

でしたが、因習的な宗教からは新しいものは生まれないと考え、数学を使った論理的解析と観察・観測を重視した研究を行ないました。彼は光学の研究を行ない、屈折や反射の原理や、眼球の仕組みを研究しました。

　これは、当時、ヨーロッパにもたらされたイスラム科学の影響を受けていると思われます。イスラム科学は、当時、世界の最先端を行っており、光学の分野では現在のイラクで生まれた科学者イブン・アル＝ハイサム（965－1040）が知られています。彼は『光学の書』と呼ばれる光学理論の本を著し、近代的な科学の発達に大きな影響を与えました。

　視覚に関する現象で、今も完全には解明されていないものに、「サッカード現象」があります。眼球は 1 秒に 3 回程度、激しく動いているのですが、それなのになぜ目には止まって見えるのかという問題です。この疑問も、視覚は眼球を通していかにして知覚されるのかという研究の結果、出てきた疑問でした。サッカード現象については現在も脳科学・認知科学の最前線で研究が続けられています。

図 1-3-4 ● サッカード現象

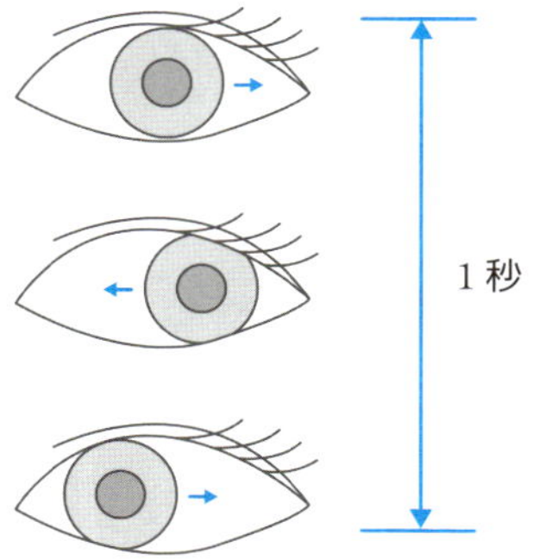

1 秒

1-4

実験で自然を調べた ガリレオ・ガリレイ

── 近代科学の父

● ピサの斜塔の実験

ヨーロッパでは15、16世紀に中世が終わりルネサンスによって近世が始まりました。宇宙観（世界観）は天動説から地動説に移り、新しい時代の息吹が巻き起こった時代でした。この時代を代表する科学者がイタリアのガリレオ・ガリレイ（1564−1642）です。彼は近代科学の父といえます。ガリレオの科学研究の手法は、仮説を立ててそれを徹底した実験と観測によって確かめるというものです。

有名な実験に「ピサの斜塔の実験（1589年）」があります。ピサの斜塔から質量の異なる2つの物体を同時に落として、地面に同時に着地するかどうかを確かめたというものです。

図 1-4-1●
ピサの斜塔の実験

この逸話は創作ともいわれていますが、とても説得力のある話です。当時は、2000年も前に古代ギリシャの哲学者アリストテレス（前384－前322）がとなえた「重いものが早く落ちる」という説が信じられていました。しかし、ガリレオの斜塔の実験では、重いものも軽いものも同時に着地することが確かめられました。さらにガリレオが凄いのは、落下するときの速度と距離を調べるために木枠を組み立てて「斜面」を用意し、そこに玉を転がして実験をしたことです。高いところで手を放して自然落下で物を落としてみましたが、落下速度が速すぎて、高速度撮影ができるカメラなどの測定装置がなかった時代では位置と速度を測定することができませんでした。しかし「斜面」なら、玉はゆっくり転がるので、経過時間と距離を測ることができるというわけです。この実験の結果、ガリレオは「落下距離は落下時間の2乗に比例する」という結論を導き出しました。

図1-4-2●ガリレオの作った「斜面」

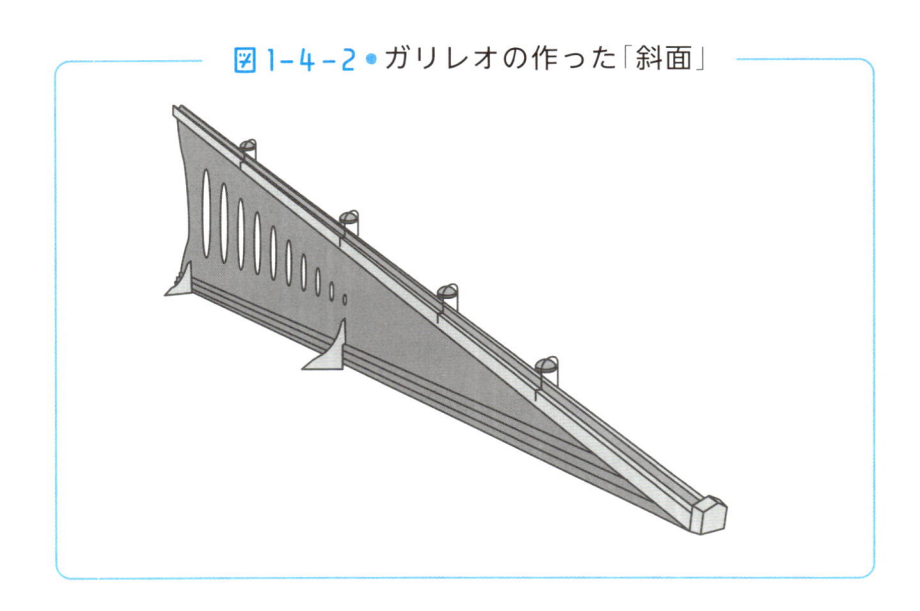

また、力学の研究として振り子の運動理論を発見したこともガリレオの大きな功績です。振り子の周期運動（揺れ）の時間は、錘の重さや振幅の大きさではなく吊り下げている紐の長さで決まるというものです。これを「振り子の等時性」（往復にかかる時間は同じ）といいます。ガリレオは、教会の天井から吊り下げられたランプを見て、揺れの周期を観察することでこの発見をしたといわれています。振り子はその後、正確に時を刻む振り子時計や音楽のテンポを決めるメトロノームなどに応用されていきました。

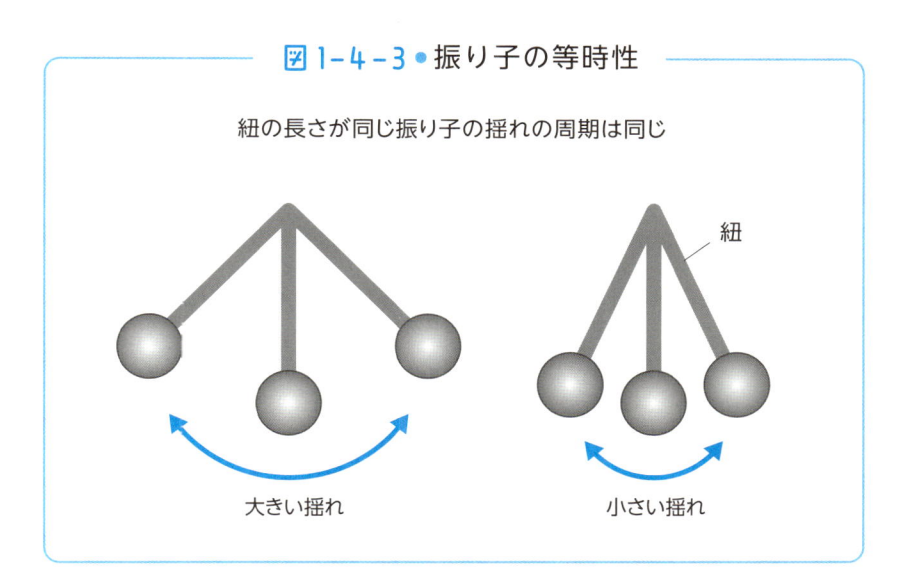

図 1-4-3 ● 振り子の等時性

紐の長さが同じ振り子の揺れの周期は同じ

紐

大きい揺れ　　　　　小さい揺れ

　さらに、アルバート・アインシュタイン（1879－1955）の相対性理論につながる「相対性」という概念も提示し、地動説を否定する人たちを批判したことでも知られています。進んでいる船のマストの上から物体を落とし自然落下させた場合、船に乗っている人から見ると、ボールは真下に落ちているように見えますが、船の外で静止している状態で見ている人にとっては、ボールは船の進行方向に

放物線を描いて落ちているように見えます。このようにどちらから見るかで見え方が変わることを「ガリレオの相対性原理」といいます。この考え方は、ガリレオから300年余り後のアインシュタインの相対性理論につながっていきます。アインシュタインは1905年に特殊相対性理論を提唱し、光速度不変という原理を提示して新しい相対性を考え出しました。光速度はどの観測者にとっても同じため、空間や時間が伸び縮みするという考え方です。

● 観測の事実を重視

　もう一つ、ガリレオの大きな業績があります。それは天体望遠鏡を使って、月のクレーター、木星の4大衛星（イオ、エウロパ、ガニメデ、カリスト）、太陽の黒点を発見したことです。望遠鏡は、1608年頃にオランダのハンス・リッペルハイ（1570－1619）が発明したといわれています。彼は2枚のレンズを一定の間隔で並べて覗くと遠くのものが大きく見えることに気がつき、世界初の望遠鏡を作りました。ガリレオはこの情報を得ていたのではないかと思われますが、1609年頃には自ら望遠鏡を製作しています。彼が作った望遠鏡は、対物レンズ（対象物に近い方のレンズ）に凸レンズ、接眼レンズ（覗く方

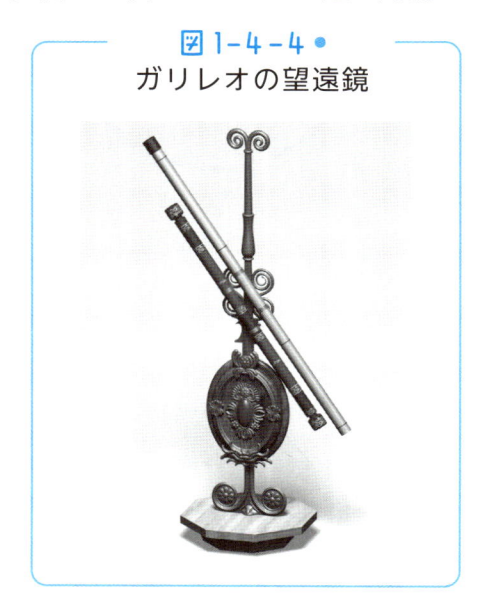

図1-4-4 ●
ガリレオの望遠鏡

のレンズ）に凹レンズを使ったもので、対物レンズの口径は42ミリメートル、倍率は9倍だったといわれています。口径や倍率などの数値については諸説あります。

　対物レンズに凸レンズ、接眼レンズに凹レンズを使ったガリレオ式望遠鏡は見たままの正立像が見えるというメリットがありますが、視野が狭く高倍率では覗きにくいという欠点があります。ガリレオは、この望遠鏡で天体の詳細を調べました。それにしても、あの時代に望遠鏡を夜空に向けるとは、凄い発想をしたものです。

　ガリレオはまず月のクレーターを発見しました。月の表面が大小の穴だらけというのは、当時としては相当ショッキングなことだったのではないでしょうか。続いて、木星の4大衛星を発見し、それが、刻々と木星に対して位置を変え

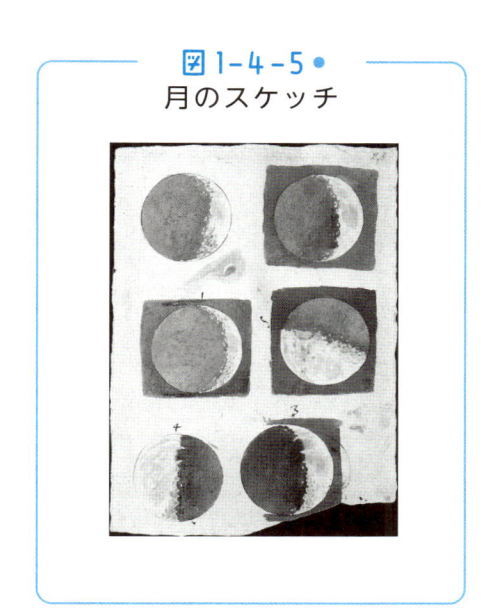

図1-4-5●
月のスケッチ

ていることを見出しました。そして、いったん、木星の後ろ側に入って見えなくなってしばらくすると、入った側とは反対の側から出てきたのです。4つの衛星は、規則正しく木星の周りを公転していたのです。

　続いて、太陽の黒点も観測しました。黒点もゆっくりではありますが、太陽の自転とともに動いて見えます。裏側に入って見えなく

なった後、数日でまた表に出てきます。太陽が自転していることを発見したのです。ちなみに太陽の自転周期は赤道付近で約25日、極地方で約30日。黒点は極地方には現れず、緯度30度から40度程度のところに現れます。

　ガリレオは観測を行ない、得られたデータを元に解析するという、現在の科学研究の基礎を作った科学者です。また、科学研究のために、望遠鏡などの観測機械を用いたところも注目されます。この時代以降、テクノロジーの進歩とともに科学が大きく発展していくのです。もしも、科学が技術を伴わなかったら、いつまでも古代ギリシャ時代のような、哲学的な理解しかできなかったかもしれません。

　ガリレオは、1632年に『天文対話』を刊行して地動説を説き、1638年には『新科学対話』を出版し、落下運動や等加速度運動など、近代的な力学に関する理論を提示しました。

　1633年、ガリレオは地動説を撤回しないという理由で教会の異端審問所で有罪判決を受けました。しかし世の中は、着々と新しい時代に突入していきました。ガリレオはまさに近代科学の先駆者といっていいでしょう。時代に先駆けていたからこそ、世の中を支配していた教会の「既得権益」によって攻撃されたのです。

1-5

天動説から地動説へ

── コペルニクス、ブラーエ、ケプラー

　天動説から地動説へと大きなパラダイム変換を迎えた17世紀前半のヨーロッパは、歴史区分でいう近世と呼ばれる時代に入っていきます。科学と技術は、この頃から格段に進歩していきました。科学技術ではガリレオの時代に近代が始まっていたといっていいでしょう。自然を観察し、未知の現象に対して仮説を立て、詳しい観測と実験によって、仮説を証明していく。現在でも科学研究の基本となっている流れができあがってきたのはまさにこの時代でした。

　天動説から地動説への転換に大きく寄与したのが、コペルニクス、ブラーエ、ケプラーの3人です。

　ニコラウス・コペルニクスは前述のとおり地球だけでなく惑星はすべて太陽の周りを回っているという地動説を発表しています。これが地動説の始まりですが、自らはキリスト教の司祭であり、教義に反する地動説の発表はためらっていたといいます。

　ちなみに、最初に地動説をとなえたのは、古代ギリシャの天文学者アリスタルコス（前310－前230）といわれています。当時ギリシャで発達していた幾何学を応用して、太陽・地球・月の大きさと距離を求め、地動説が妥当なのではないかと考えました。しかし当

時は地動説は理解されることはありませんでした。

　地動説への流れの基礎を作った人物にティコ・ブラーエ（1546－1601）がいます。ブラーエはデンマークの天文学者で、望遠鏡が登場する以前に六分儀（天体の角度を測る器械）などを使い恒星や惑星の精密な位置を観測し、天体に関する膨大なデータを残しました。また、1572年には、カシオペア座に突然現れたマイナス4等級（金星と同じくらいの明るさ）の超新星を観測しています。この超新星は、「ティコの新星」として有名です。彼は、この超新星の視差（地球の公転軌道を利用した見える位置のわずかな差）を観測し、惑星などよりもずっと遠くの星であることを発見しました。現在、ティコの新星は地球から約8000光年の距離（銀河系内）にあることがわかっています。

● 近代的な科学技術の成果、ケプラーの法則

　ブラーエの弟子がヨハネス・ケプラーです。ドイツの天文学者ケプラーはブラーエの膨大な量の精密な星のデータを受け継ぎ、星の軌道の研究に没頭しました。そして発見したのが有名なケプラーの法則（1609年、第3法則は1619年）です。

　惑星の公転軌道は楕円軌道で焦点が2つあります。ほとんどの惑星は程度の差はあれ楕円軌道を描いています。面積速度とは、太陽と惑星が単位時間に描く扇型の面積のことです。これが一定であるということです。つまり惑星が太陽から離れているときは近くにあるときよりもゆっくりと動きます。第3法則の「惑星の公転周期の2乗と楕円軌道の長半径の3乗の比」は水星から冥王星までほとんど同じになっています。

このように整然と理論化されたケプラーの惑星軌道の法則性の発見は、ニュートンの万有引力の発見につながっていき、地動説が揺るぎないものとなっていきました。

図 1–5–1●ケプラーの法則

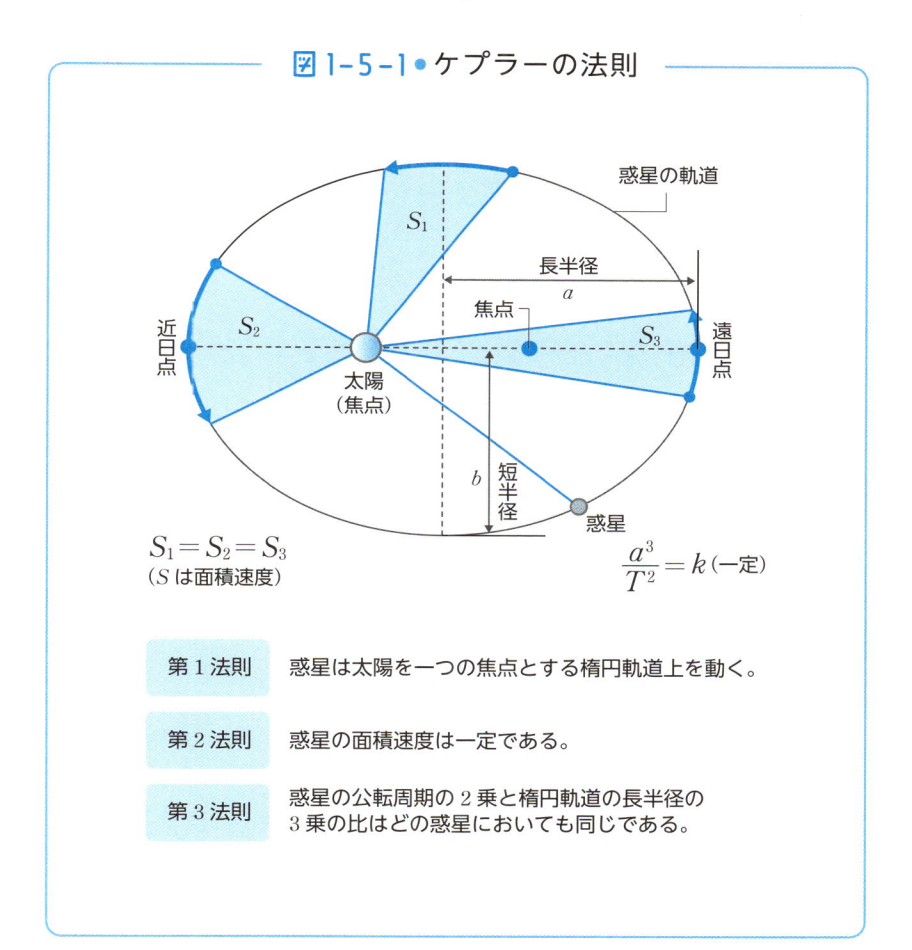

$$S_1 = S_2 = S_3$$
（S は面積速度）

$$\frac{a^3}{T^2} = k \,（一定）$$

第 1 法則	惑星は太陽を一つの焦点とする楕円軌道上を動く。
第 2 法則	惑星の面積速度は一定である。
第 3 法則	惑星の公転周期の 2 乗と楕円軌道の長半径の 3 乗の比はどの惑星においても同じである。

科学は哲学から始まった

—— デカルト

● 科学技術の歴史的分岐点

　科学技術の近代はガリレオ・ガリレイから始まったといっていいでしょう。もちろんガリレオの業績も、それ以前の古代ギリシャ・ローマ帝国・イスラム文化という多くの先達の知恵の上に成り立っていることはいうまでもありません。しかし、キリスト教的世界観に基づく因習的な時代の中で、それを否定するようなことがいえるかどうかが、「近代」を近代たらしめる条件ではないでしょうか。

　ガリレオは権力者である教皇にさからってまで地動説という自説を貫き通しました。それが観測によって正しいと信じていたからにほかなりません。

　しかし、時代の分岐点というのはあるもので、新しい技術が登場してきたことで、それまでの既得権益が根底から失われてしまうということもあります。

　司馬遼太郎に『国盗り物語』という長編小説があります。この中で、戦国時代、荏胡麻を独占的に販売する権利を室町幕府からもらっていた大山崎八幡宮（京都府大山崎町、離宮八幡宮）が、新しい搾油技術の登場とととともに、荏胡麻より効率よく油の取れる菜種油に需

要が変わっていくことで衰退していくようすが、美濃の国の戦国大名斎藤道三（1494－1556）の生涯と絡めながら描かれています。

● 個の目覚め

　16・17世紀のヨーロッパで近代科学が勃興したことは、「個」の目覚めということとも関係しています。フランスの哲学者ルネ・デカルト（1596－1650）は、「われ思う、故にわれあり（コギト・エルゴ・スム）」（『方法序説』1637年）という名言で知られていますが、デカルトの新しさは、感覚よりも思考の主体である個としての人間の知性・理性を優先したことです。デカルトは哲学者として知られていますが科学者でもありました。物理学・気象学・数学、そして生命科学や脳機能の研究も行ない、光の屈折や虹の見える仕組みを調べました。中でも座標という概念を発明したことは特筆に値します。座標は、平面における物体の位置とその運動だけでなく3次元の立体空間での位置及び移動を表すことができました。

図1-6-1●座標

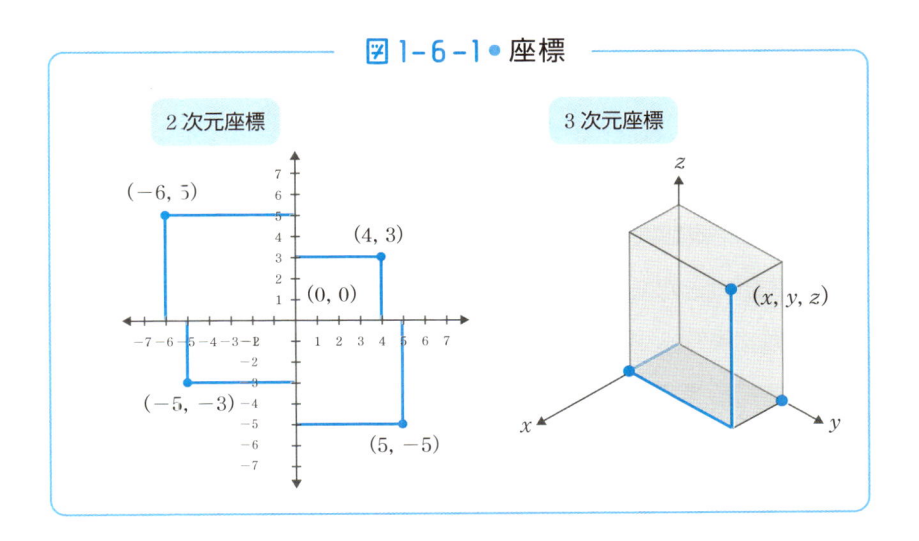

2次元座標　　　　　　　　　3次元座標

　また、自然現象を人間から切り離した機械的なものとして捉える「機械論的世界観」をとなえました。自然界の現象から普遍的な法則性を見出していく考え方です。それまでのキリスト教哲学の影響を強く受けていた、いわば「反理性的な」時代に対して理性という新しい切り口を発見したのです。

　このような考え方は、当時のイギリスの哲学者・科学者フランシス・ベーコン（1561－1626）も提示していました。彼は多くの現象を詳しく観察して、そこから帰納的に法則性を見出す思考を編み出しました。

　このようなデカルトやベーコンの合理的な考え方が科学を発展させ、続いて登場するニュートンやパスカルといった科学に革命的進化を及ぼした天才たちに影響を与えていったのです。

　この時代は、ロック、モンテスキュー、ルソーといった人物が新しい思潮を作り出していった時代でもありました。ジョン・ロック（1632－1704）はイギリスの哲学者・政治学者で、国民主権の民主主義を提唱し一人ひとりの「個」を重視するという思想をとなえました。シャルル・ド・モンテスキュー（1689－1755）は『法の精神』（1748年）を著したフランスの思想家で、三権分立をとなえました。少し遅れて生まれたジャン・ジャック・ルソー（1712－1778）は、フランスの思想家で、『社会契約論』（1762年）を著し、現在の民主主義の先駆けとなる思想を提唱しました。

　彼らは、キリスト教会が支配する古い社会、実際の社会制度だけでなく、物の考え方や価値観まで支配している古い社会に対抗して個人を主体とした新しい時代を作り出そうとしていたのです。この時代の思潮を、「近代ヨーロッパの啓蒙思想」と呼びます。

● 江戸文化は民主主義の始まり？

その頃の日本はどうだったのでしょうか。当時の日本は江戸時代で、鎖国を行ない海外からの情報はあまり入らなかったにもかかわらず、安定した社会の中で、民主主義とはいかないまでも庶民文化が栄え、江戸時

図1-6-2 ● エレキテルのレプリカ

©ももたろう2012

代独自の「個人の自由」がじわじわとにじみ出ていた時代でした。それは科学者で作家でもあった平賀源内（1728－1779）の活躍を見てもわかるのではないでしょうか。

また、江戸時代は鎖国をしていたとされていますが、オランダとは交易をしており人的交流もありましたから、世界の政治情勢や科学技術に関する情報は十分とはいえないまでも相当レベルのものが日本に入っていたと思われます。徳川幕府が情報を管理し、一般国民にはあまり伝わらないようにしていたとは思われますが。海外情報や技術情報の蓄積があったからこそ、明治維新直前の混乱期に各藩が先を争って製鉄や造船といった近代的工業技術及びそれを利用した軍事技術を中心として科学技術を急速に発展させていくことができたのです。

近代科学の巨人

—— ニュートン

　近代科学はまさにニュートンから始まるといっていいでしょう。アイザック・ニュートン（1642－1727）は、ガリレオ・ガリレイが亡くなった翌年の1643年1月4日、イギリス中部のノッティンガムの東にあるウールズソープという田舎町で生まれました。1661年にケンブリッジ大学に入学。数学や物理に才能を示し始めました。ところがイギリスで疫病のペストが流行り始め、1665年8月から1年半ほど、故郷の実家に帰省していました。この間にニュートンは科学史に残る3大発見を成し遂げています。年齢は22歳くらいでしたから早熟の天才といえます。

　3大発見とは、万有引力・光の理論・微分積分の3つです。

　万有引力は質量を持つすべての物体間に働く力で、その大きさは2つの物体の質量（mとM、単位はkg）の積に比例し、距離（r、単位はm）の2乗に反比例するというものです。式で書くと次のようになります。

$$F = G\frac{mM}{r^2}$$

　Fは万有引力の大きさ（単位はN）、Gは万有引力定数です。ただ

し万有引力定数は、ニュートンには示すことができませんでした。万有引力定数の値がわかったのは、ニュートンが万有引力を発見してから130年余り後の1798年です。イギリスの貴族で物理学者のヘンリー・キャベンディッシュ（1731－1810)がねじり秤という手製の実験装置を製作し、地球の密度と万有引力定数の値を求めることに成功しました。現在、精密に測定された万有引力定数Gの値は、$6.6726 \times 10^{-11} \mathrm{N} \dfrac{m^2}{\mathrm{kg}^2}$ です。

　キャベンディッシュは大きい鉛の玉と小さい鉛の玉を腕木に吊るし、この 2 つの距離を接近させた場合に働くわずかな力を精密に測定する実験を繰り返して、万有引力定数を求めました。

　万有引力の発見は「ケプラーの法則」の正しさを証明するものでした。ニュートンは、彼の時代のすぐ前の時代に活躍し成果を残した、ガリレオやケプラーなど天才科学者たちの知見と知恵を集大成し近代科学を確立したのです。

● 万有引力の発見

　ニュートンはリンゴの木からリンゴの実が落ちるのを見て万有引力を思いついた、というエピソードが有名です。実際のニュートンの疑問はリンゴは下に落ちるのに月はどうして落ちてこないのだろうかというものでした。月は地球の周りを公転していますが、これは月の公転速度による遠心力が地球の中心点に向かって引っ張られる重力の大きさと等しくなっているため落ちてこないのです。地球の周りを回り続ける速度が第 1 宇宙速度といわれるもので、地表面で7.9km/s。重力に逆らって飛び出せる速度が第 2 宇宙速度11.2km/sです。太陽系から脱出するときに必要な速度が第 3 宇宙

速度で16.7km/sです。

　人工衛星を打ち上げるには第1宇宙速度まで加速する必要があります。それより小さな速度だと地表に落下します。このときの速度や打ち上げ角を変えれば人工衛星が弾道ミサイルにもなるというわけです。

　ニュートンは、1726年に『プリンキピア第3編・世界体系』を刊行していますが、その中に砲弾の初速を上げていくと、ある速度で人工衛星になることを示した図が掲載されています。

図 1−7−1 ●『世界体系』に掲載の図

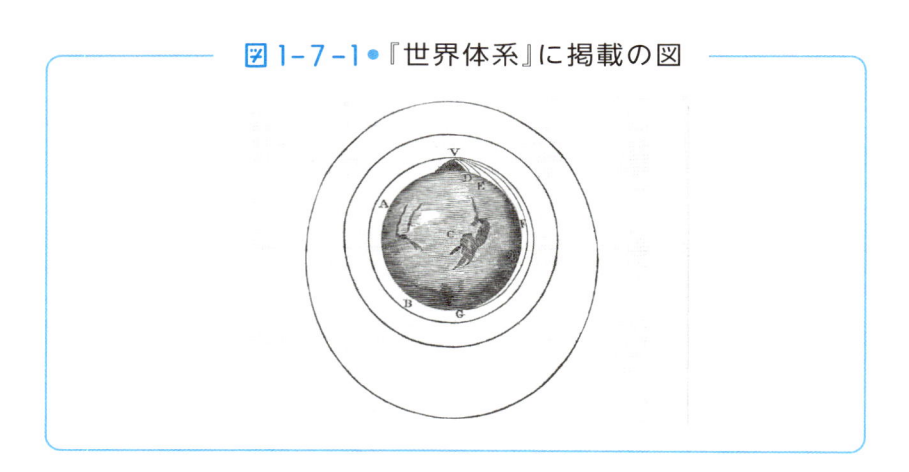

● 運動の 3 法則

　ニュートンはそれまでの力学を、ニュートン力学として集大成しました。これには万有引力の他、運動の3法則があります。慣性の法則・運動方程式・作用反作用の法則です。

　慣性の法則は、「物体は外部から力を受けない限り静止し続けるか等速直線運動を続ける」というものです。無重力の国際宇宙ステーション（ISS）から中継された映像で、人が何かの物体から手を離した瞬間からその物体がゆっくりと動き続けるのを見たことがあると

思います。動き始めた物体が動き続けるのは慣性の法則によるものです。実際は宇宙ステーションの中には空気がありますから、空気の抵抗によって次第に速度が落ちていきます。

ですから宇宙空間などの重力も空気もないところで動き始めたら永遠に動き続けます。船外活動をする宇宙飛行士はセーフティテザー（命綱）というロープで、飛ばされないように宇宙ステーションに宇宙服をつないでいます。

運動方程式は、「物体に力を加えると物体は加わった力の方向に加速度を生じ、加速度は力の大きさに比例し物体の質量に反比例する」というものです。

$F＝ma$という式で知られています。mは物体の質量、aは加速度の大きさ（$\mathrm{m/s^2}$）、Fは物体に働く力（N）です。例えば質量の大きな物体を小さな物体と同じ速度にまで加速するには、大きな物体には小さな物体よりも大きな力を加えないといけないということです。また、移動している物体の時間ごとの位置がわかれば物体に働いている力の大きさがわかり、物体に働く力の大きさがわかれば、時間の変化率から位置がわかるので、物体の運動の軌跡を知ることができます。つまり物体のある時刻における位置と速度がわかれば、将来の位置と速度が予測できるということです。弾道軌道を描いて落下してくるミサイルは未来位置が予測できますから、迎撃は力学的には簡単（風の変化など別の問題があるため簡単ではないですが）ということになります。逆に最近のミサイルのように変則軌道で飛ぶものは迎撃が難しくなってしまいます。

作用反作用の法則は、「2つの物体が力を及ぼしあうとき力の大きさは等しく、作用する向きは逆である」という法則です。ロケッ

トが飛ぶのは、後ろに向けて高エネルギーのガスを噴射するときの反作用によるものです。

● 光の理論

オランダの物理学者クリスティアーン・ホイヘンス（1629－1695）は光の波動説（1690年発表）をとなえていましたが、それに対してニュートンは光の粒子説をとなえていました。光が鏡で反射してくるのは粒子だと捉えた方が自然であると考えたのです。

ニュートンは1665年頃、プリズムによって太陽光が赤から紫までいくつもの色に分かれて見えることを発見。このことから光の粒子は色ごとに屈折率が違うと考えました。赤色が最も屈折率が小さく紫色が大きいこと、また太陽からくる白色光（色のついていない光）は、いろんな色が混合した結果であることも発見しました。

屈折は、異なる媒体の中に光が入るときに起こります。例えば、空気から水に光が入るときは、水の屈折率は1.333くらいなので、歪んで見えてしまいます。これは、コップの中のストローが曲がって見えることなど、日常生活でよく経験していることです。ニュートンは、レンズを使った屈折天体望遠鏡の像が明瞭でないことに悩まされていました。レンズを光が通過するときに色の違いが屈折率の違いとなるため、レンズの焦点が一点にならず対象物の周囲に色がついて見えたのです。これを色収差といいます。現在は、非球面ガラスなど複数のレンズを組み合わせたり、レンズの材質をED（特殊低分散ガラス）やフローライト（蛍石）にすることで収差を補正することができますが、ニュートンの時代はまだそのような技術がありませんでした。非球面レンズについては、ニュートンは手磨きで

製作しようとしていたようですが、うまくいかなかったといいます。

　ニュートンは光をレンズに通さなければ色収差は出ないと考え、反射望遠鏡を製作しました。反射望遠鏡というのは金属製（当時）やガラス製の凹面鏡で光を反射させて、レンズの焦点と同じように空間の一点に焦点を作り、それを接眼レンズで拡大して見る方式です。ニュートンは反射鏡の焦点近くに光の経路を90度変える平面鏡の副鏡（斜鏡ともいう）を取り付けて覗きやすくしました。これをニュートン式反射望遠鏡（1669年頃）といい現在も広く使われています。この他、主鏡の焦点を斜めにずらして鏡筒の前の方から斜めに覗き込むウィリアム・ハーシェル（1738－1822）が考案したハーシェル式（1773年頃）や、主鏡の真ん中に穴を空けて鏡筒前方に配置した凸面鏡で光を反射させて見るカセグレン式などがあります。

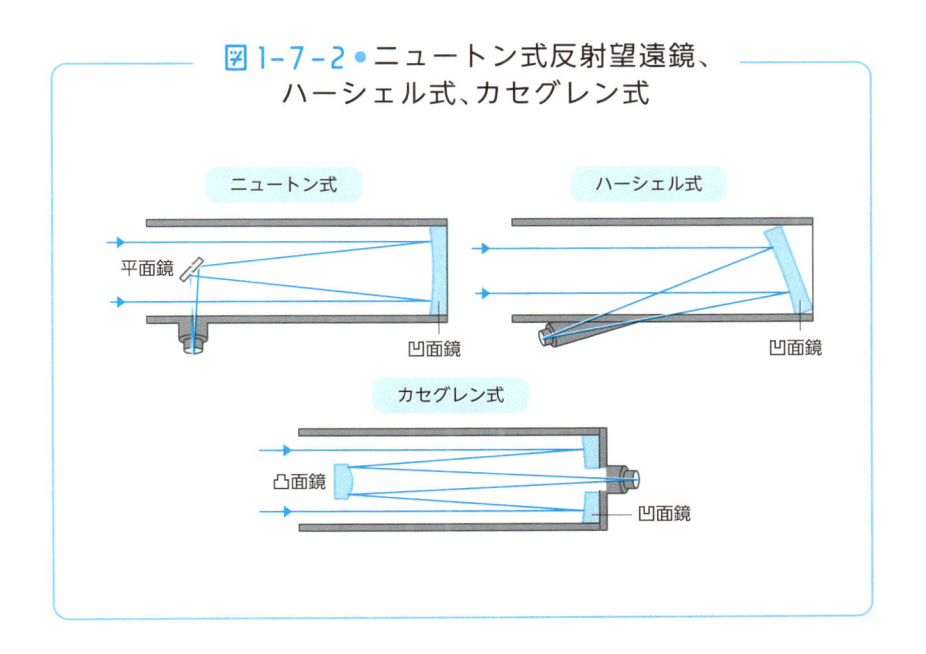

図1-7-2 ● ニュートン式反射望遠鏡、ハーシェル式、カセグレン式

現在では主鏡と副鏡それぞれに球面鏡・放物面鏡・双曲面鏡などいろいろな種類の反射鏡を組み合わせて、球面収差・歪曲収差・コマ収差といった各種の収差を取り除いたさまざまな方式の反射望遠鏡が作られています。反射望遠鏡は屈折望遠鏡に比べて大きな口径のものが作りやすいため、主鏡の直径2.4メートルのハッブル宇宙望遠鏡や6.5メートルのジェイムズ・ウェッブ宇宙望遠鏡（JWST）なども反射式となっています。

　ニュートンが作った最初の反射望遠鏡は主鏡の口径が1インチ（約25ミリメートル）といわれています。今から見ると、まるで玩具のような望遠鏡でしたが、反射望遠鏡は現在も最先端の分野で活躍しています。

　光学理論ではもう一つ大きな成果があります。ニュートンリング（ニュートン環）の研究です。1665年にフックの法則で知られるイギリスの物理学者ロバート・フック（1635－1703）が初めて発見しました。フックは顕微鏡を使ってさまざまなものを観察しましたが、中でも細胞を発見したことで生命科学の発展に貢献しました。

　平面ガラスの上に薄い凸レンズを密着させると、入射した光が反射しレンズの曲率によって入射光と反射光の波長がわずかに異なる

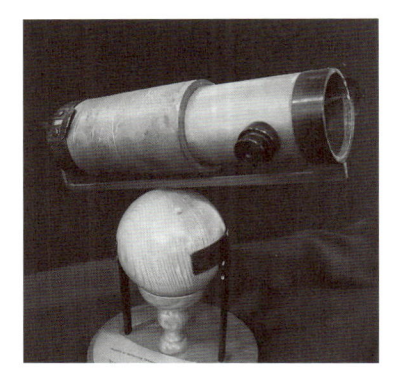

図 1-7-3●
ニュートンの反射望遠鏡

©Andrew Dunn、2004年11月5日

ため同心円状の干渉縞が生じます。これをニュートンリングといいます。干渉縞ができるということは、光の波動説の証拠となるものです。ニュートンは光の粒子説をとってはいましたが、波動であることも同時に発見していたといえるでしょう。

　光が粒子か波かはニュートンとホイヘンスの間で論争が行なわれましたが、その後19世紀の末から20世紀にかけて、アインシュタインの「光量子理論」や量子力学の登場とともに、光は粒子の性質と波の性質をあわせ持つことがわかっていきました。

図 1-7-4 ● ニュートンリング

● 微積分の発見

　1665年、ペスト禍を避けて故郷に戻っていたニュートンは、微分法と積分法を発見しました。微積分の発見者については、ニュートンとドイツの数学者ゴットフリート・ウィルヘルム・ライプニッツ（1646−1716）の間で、どちらが先かという先陣争いが繰り広げられました。ライプニッツは1675年に自分が提示したと言い、ニュートンは1666年に発見していたと言います。ただし『プリン

キピア（自然哲学の数学的原理）』で発表したのが1687年のため、正式にはこの年がニュートンの微積分の発見年とされています。いずれにしろ、時代の気運が微積分の考え方を求めていました。その気運を受けてニュートンとライプニッツが、それぞれ独自に発見したのではないのでしょうか。

　微積分とは簡単にいってしまえば、微分は現象の変化を無限小に分割していって、その変化の度合いを知ること。積分は時間変化によってもたらされる量の変化を知ることです。

　ニュートンは力学の完成者らしく、運動による物理量の変化を捉えることを目的として微積分の手法を考え出し、数学者のライプニッツは、変化量を表す曲線の任意の点の接線を求めるために編み出したといわれています（出典：『科学の事典』、岩波書店）。それぞれの個性がよく表れた逸話だと思います。

　ニュートンとライプニッツが同時にこのような考え方を数学として提示してきたのは、微積分のような考え方が、当時の啓蒙的な近代の入り口に立った科学の世界では必要とされたからでしょう。まもなくやってくる産業革命という機械文明は、時間による量の変化の世界で、それを効率よく回していくためには微積分の考え方が必要だったのです。さらに社会規模が大きくなるとともに、経済学・金融・社会学などの分野でも統計をとったり経済の動向を予測したりして企業経営を行なうためのツールとして活用されています。

　微積分というと何か難解なイメージがありますが、現在はPCの表計算ソフトなどで、誰もが特に意識せずに微積分の知見を利用しています。

　前述の『プリンキピア』は、ニュートンが1687年に著したニュー

トン力学の集大成であり、当時の最先端の科学技術に関する知見を集めたものです。

　万有引力や運動理論の解説など、当時の天体・宇宙、さらには科学哲学的な世界観を示した書で、それ以後の科学技術の発達に大きな影響を与えました。

図 1-7-5 ●『プリンキピア』

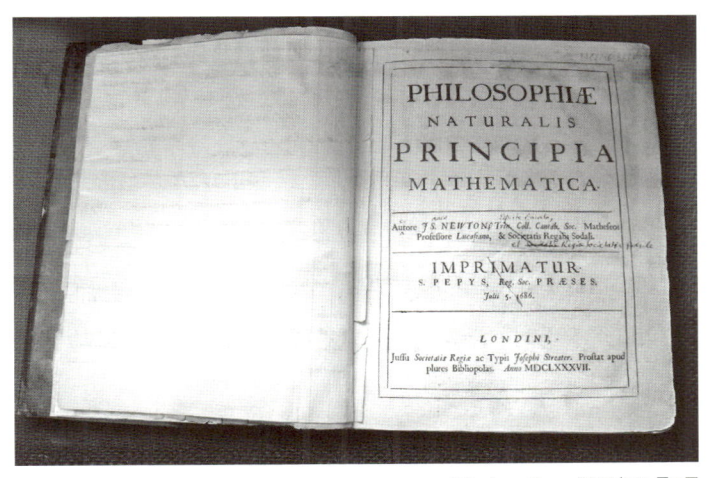

©Andrew Dunn, 2004年11月5日

ニュートン自身の『プリンキピア』の写本。第2版の手書きの訂正付き。
ケンブリッジ大学トリニティ・カレッジのレン図書館に所蔵。

羅針盤・航海術・地図

—— メルカトル

● 航海術三種の神器

　人類が海を渡ることを覚えたのは、かなり古い時代だと思われます。石器時代にはすでに丸木舟で海を渡っていたようです。当時どれくらいのレベルのナビゲーション技術があったかは記録がないのでわかりませんが、おそらく太陽と星の位置を見ながら行なう、簡単なナビゲーションはあったと思われます。でもそれは命がけの航海だったことでしょう。運よく嵐にあわず、方位を迷わずに航海できた人たちだけが生き残って海を渡れたのです。

　石器時代のような原始的な時代だけでなく、遣隋使・遣唐使の頃も船旅は命を賭けた危険な旅だったのです。しかしあるものの発明で、正確で確実な航海ができるようになりました。それが羅針盤です。羅針盤は方位磁石と同じ原理で、船の揺れなどにも対応できるようにしたものです。北の方向がわかるため、ここから右回りに針路を角度で求めることができます。90度なら東、180度なら南、270度なら西といった具合です。磁石は磁鉄鉱などとして自然界に存在するため、磁力を持つ石として古くから知られていました。方位磁石を発明したのは11世紀頃の中国人とされています。磁鉄鉱

に細い鉄の針をこすりつけるなどして、磁力を帯びた針を木の葉や皮に刺して水に浮かべると、一方の針の先は北極星の方を指しました。北極星が真北にあることは、星の日周運動（地球の自転による見かけの運動）の観察によって古代エジプトの時代から知られていました。

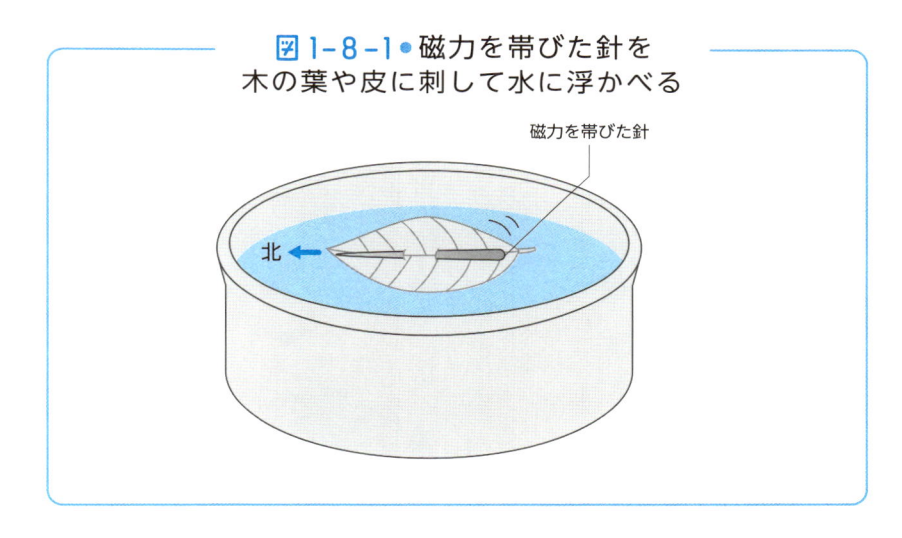

図1-8-1●磁力を帯びた針を木の葉や皮に刺して水に浮かべる

磁力を帯びた針

北

水の上に浮かべた木の葉の方位磁石は振動すると水面も揺れてしまい、常に揺れている船上では使いづらかったので、揺れが少なくなるような改良（針の中心を支柱で支えるなど）を行なうことで「羅針盤」となり13世紀頃から使われるようになっていきました。

ただし方位磁石が指す北（磁北）は、地図上の北（真北）とはずれていて、しかも磁北と真北の差である偏差は、地球上の場所によって違います。また同じ場所でも毎年のように変化し続けています。15世紀から16世紀にかけての大航海時代にはすでに磁気偏差の知識もあったとされています。

こうして方位磁石と針路を知って航海していけば、北極星の見え

ない昼でも曇りや雨の日でも目的地に到達できるのです。

しかし、正確なナビゲーションを行なうには足りないものがあります。地図です。航海を行なうために考案されたのが、現在も使われているメルカトル図法で作成された地図です。メルカトル図法は1569年にフランドル（現在のベルギー）のゲラルドゥス・メルカトル（1512－1594）によって発明されました。こ

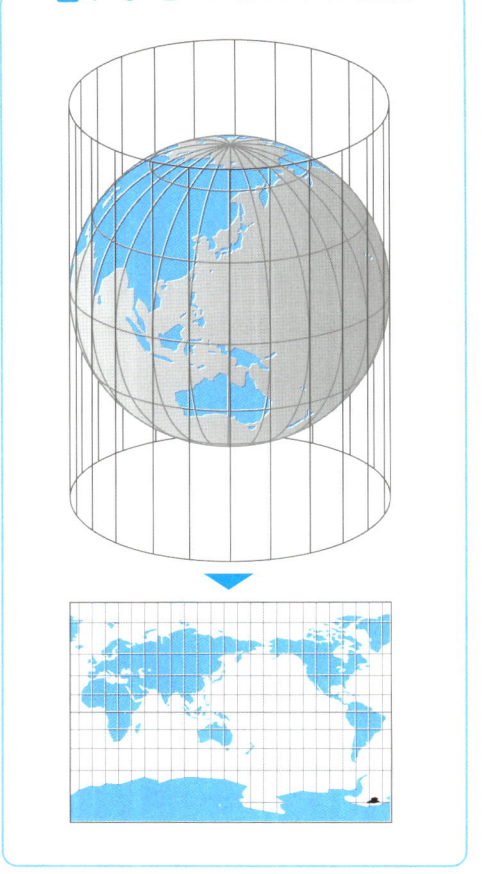

図1-8-2 ● メルカトル図法

の地図は、地球に赤道で接する円筒をかぶせて中心から地形を投影したもので、経度線と緯度線は直線となって互いに直交します。そのため、出発地点から目標地点まで一本の直線を引いて、経度線とコースがなす角度を測り、その針路で進んでいくと目的地に到着できます。地図上に定規で一本の線を引くだけで、コースを出せるので、航海のためにはとても便利でした。メルカトル図法の地図上に引いた線を航程線といい、地表に描く航跡は大圏コース（地球上2点を大圏の一部である孤で結んだルート）のように最短距離にはな

りません。また距離の測定も正確にはできませんが、狭い範囲での航法にはほとんど影響しないのでとても便利な地図です。

　これで羅針盤と地図がそろったのですが、もう一つ欠かせないのが精密な時計です。緯度は太陽の南中時の高度（仰角）や夜間なら北極星の高度から知ることができます。しかし経度は、簡単に求めることができませんでした。

　それを可能にしたのが、航海の過酷な環境下で使える精密時計です。1714年にはイギリス政府が経度測定に使える時計を開発したものには報奨金を出すという法令まで出したそうですから、精密な航法を行なうことは、難破・座礁などの事故を避けて効率よく目的地に到達するために必須のものだったのです。当時のヨーロッパは世界の交易を支配しようと互いに競っていましたから、まさに国をあげての開発競争だったといえます。

　経度測定に使える精密時計は、1735年にイギリスの技術者ジョン・ハリスン（1693－1776）が発明したといわれています。経度は、グリニッジ天文台を通る本初子午線（0度）から東西に180度、全周で360度ありますから、1時間あたり15度の違いということになります。航海中の現在地と

図1−8−3 ●
ジョン・ハリスンの精密時計

©Racklever

グリニッジの時差がわかれば、星の位置の観測から現在の経度がわかるのです。

● 大航海時代は偉大な発明から道が拓かれた

羅針盤・地図・精密時計の発明によって、航海はそれまでよりも安全に効率よく行なえるようになり、大航海時代という世界史に残る重要な時代を実現したのです。世界中を各国の大型の船舶が走り回るようになり、交易が発展し、世界各地の農作物や資源が世界中を移動するようになりました。また、交易によってアジアやアフリカから、それまでのヨーロッパにはなかったような文化・芸術、知識が入ってきたことも時代の気運を大きく変えていきました。

大規模な交易から莫大な利益が生まれ、現在に至る資本主義が始まった時代であったともいえます。しかし、軍事力と経済力を合わせて力で植民地を拡げていったヨーロッパ各国は、国どうしの競争がどんどん激しくなり、さまざまな軋轢を生んでいきました。この時代に始まったアフリカ・中南米・アジア諸国の植民地化は、今も格差という大きな問題を残しています。

● 人類史上初のグローバル化の時代

しかし一方で大航海時代は、史上初めて地球が一つになった「グローバル化」の時代でもありました。それまでよく知られていなかった新しい大陸が発見され、地図に描き加えられていきました。スペイン艦隊を率いたイタリア人のコロンブス（1451－1506）はアメリカ大陸を発見（1492年）、ポルトガル人マゼラン（1480－1521）は史上初の世界一周（1519－1522年）、同じくポルトガル人のバスコ・

ダ・ガマ（1469－1524）はアフリカ南端の喜望峰を回るインド航路を発見するなど人間の活躍する舞台を全地球へと拡げていきました。

　羅針盤・地図・精密時計という航海の3種の神器がそろったことで精密な航海ができるようにはなったものの、地図の中身（コンテンツ）が不完全でした。まだ発見されていなかった大陸がたくさんあったのです。

　アメリカ大陸の発見者とされるコロンブスは、アメリカ大陸の一部であるバハマ諸島（サンサルバドル）に到着したにもかかわらず、そこをインドと信じていました。何しろ、当時の地図にはアメリカ大陸が描かれていなかったのです。アメリカ大陸の存在を示したのは、1513年にパナマの地峡を抜けて大西洋から太平洋に出たスペイン人のバスコ・ヌーニェス・デ・バルボア（1475－1519）です。彼は太平洋の発見者として知られています。1538年、メルカトル図法の考案者であるメルカトルは、地図にアメリカ大陸を加えました。

　航海技術の発達により人々の世界観が大きく拡がり、これが次の時代の幕開けとなっていきました。

望遠鏡の発明

—— リッペルハイ、ガリレオ

● レンズの発明

　航海技術は全地球的でグローバルな視野をもたらしましたが、同時に空の彼方にある宇宙や極微の世界にも科学的好奇心が向けられるようになっていきました。

　望遠鏡の発明者は、前述（52ページ）のとおり、オランダ人のハンス・リッペルハイで、1608年頃に考案されました。1609年にはガリレオが天体望遠鏡を製作しました。ガリレオは自作の天体望遠鏡で、月のクレーター、金星の満ち欠けなどを発見しました。さらに木星の4大衛星が木星周辺を規則的に公転しているようすから地球の地動説のヒントを得ました。

　レンズが人類史上いつ頃に登場したのかは、はっきりわかっていませんが、12世紀頃までには水晶を磨いて凸レンズにした拡大鏡のようなものはあったようで、Reading Stoneと呼ばれていました。その頃からレンズ研磨技術が進み、メガネが普及し始めました。望遠鏡の発明者リッペルハイもメガネレンズの職人でした。

　望遠鏡の機能は光学系と機械系に分けることができます。光学系とはレンズを組み合わせたシステムのことで望遠鏡本体に関わる技

術です。機械系は鏡筒を支え、目的の天体を導入したり、日周運動で動く星を追尾する機能を担う部分です。

● ガリレオ式望遠鏡

　リッペルハイが考えた望遠鏡は 2 枚のレンズを少し離して光軸を合わせて配置し、一方から覗くことで遠くの景色が大きく見えるというものです。対物レンズ（対象物に近い方のレンズ）に凸レンズ、接眼レンズ（覗く方のレンズ）に対物レンズよりも小さな径の凹レンズを使った光学系でした。ガリレオの望遠鏡もこの方式でした。ガリレオ式望遠鏡は、正立像が見えるというメリットがありますが、視野が狭く高倍率を出すことが苦手（高倍率にすると視野が狭くなりすぎる）で天体観測用としては大きな欠点がありました。そこで考えられたのが接眼レンズにも凸レンズを使ったケプラー式望遠鏡です。この方式は、現在の屈折望遠鏡のほとんどが採用しています。

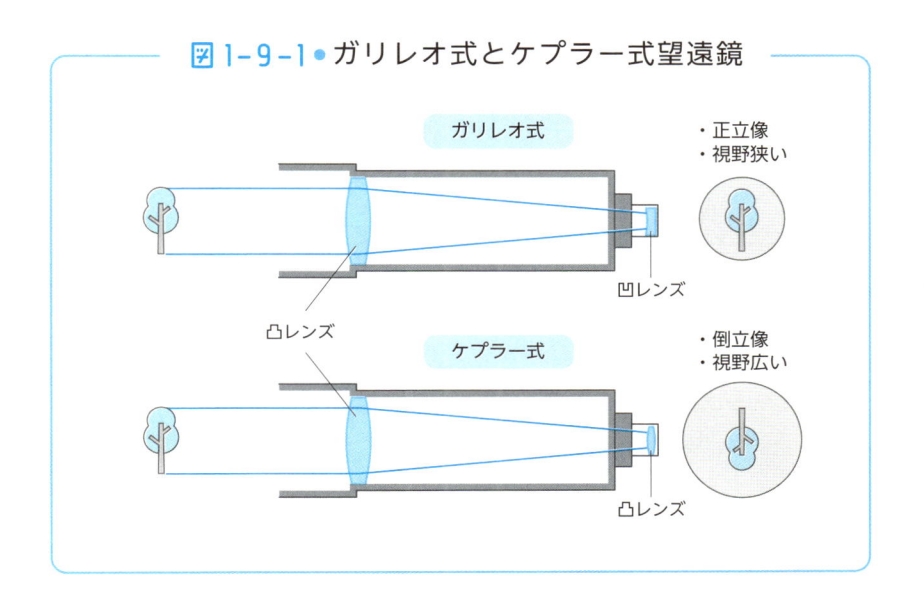

図 1−9−1 ● ガリレオ式とケプラー式望遠鏡

　ケプラー式望遠鏡は、高倍率が得られるという大きな特長があります。倒立像になりますから地上の観測には向いていませんが、天体には上下は関係ないので観測の妨げにはなりません。ただ、視野が望遠鏡の動きとは逆方向に動くので慣れるまでけっこう大変です。これも、現在はコンピュータにより天体の自動導入と日周運動の追尾を行ないますから特に問題とはなりません。

　望遠鏡の光学系には屈折系と反射系があります。前にも少し説明しましたが、屈折系は光をレンズに通して屈折（光の経路を変える）させて焦点を結ばせるのですが、問題は光の屈折率が色（波長）によって異なるため、色収差と呼ばれる色のにじみが見えることです。紫色などの波長の短い光の屈折率は1.34くらいですが、波長の長い赤色では1.32くらいです。そのため焦点を結ぶ位置が波長によってわずかに前後します。青色の部分で焦点を合わせると、対象物の周囲に赤いにじみが見え、赤色から黄色あたりで焦点を合わせると対象物の輪郭に紫色の光がにじんで見えます。

図1-9-2 ● 色収差

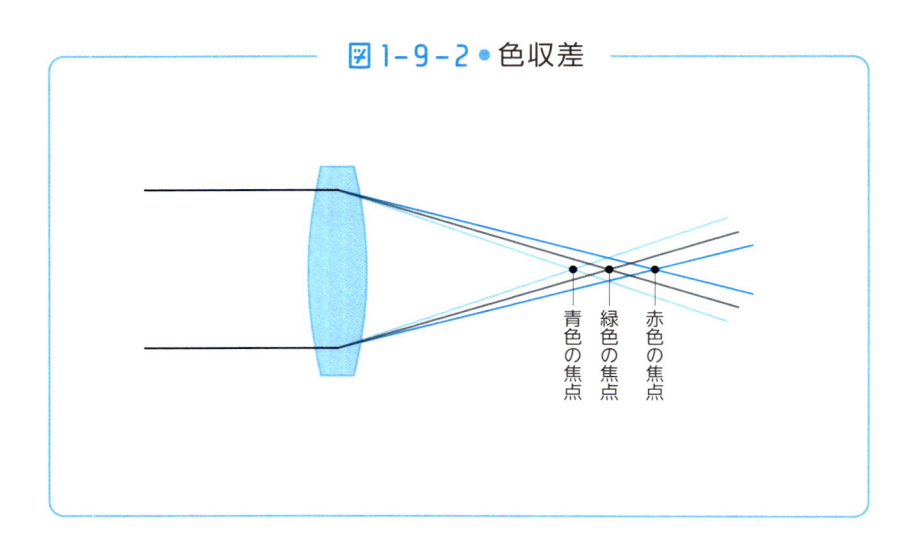

青色の焦点　緑色の焦点　赤色の焦点

1-10

レンズの収差を克服する技術

—— フランフォーファー

● 色のつかない「色消しレンズ」

　レンズには、軸上色収差と倍率色収差があり、この他、球面収差・歪曲収差・湾曲収差・非点収差・コマ収差などがあります。

　これらの収差は次のようなものです。軸上色収差は光軸上の焦点の色によるズレ、倍率色収差はレンズ周辺を通過する光の波長の違いによるわずかな倍率の違いからくる色収差。

　球面収差はレンズの中心部分を通過する光と周辺部分を通過する光の焦点距離がずれていることによって起こる収差。

　歪曲収差は正方形が歪んで見えるような収差で横に縮む糸巻き型収差と横に拡がる樽型収差があります。

　湾曲収差は像面が湾曲したお皿の底に描かれた絵のように見える収差で、視野の中心部分と周辺でピントがずれる収差。

　非点収差はレンズの横方向と縦方向の曲率が違うことによって生まれる収差です。

　コマ収差は視野周辺で焦点が視野の外の方向に流れて見える収差です。

　これらの収差の中でも特に色収差と球面収差は画質を大きく劣化

させます。収差を小さくするにはレンズの材質と形状の工夫、レンズの曲率を中心部分と周辺部分で変えた非球面レンズの採用、多くのレンズを組み合わせて収差を打ち消すなどの方法があり、望遠鏡をはじめカメラなどの光学機器の技術は収差を少しでも少なくする努力の歴史であったといえます。

　色がつかないレンズなら目標の天体の色を正確に見ることができます。また歪曲のないレンズなら星の位置を正確に測定できます。ちなみに色収差の少ないレンズを色消しレンズといいます。決して、白黒になって見えるわけではありません。有害で不快な色収差を消すレンズのことです。

　当時のリッペルハイやガリレオの望遠鏡は、対物レンズも接眼レンズもレンズが1枚だけでしたから各種収差は非常に大きかったと思われます。収差をできる限り軽減するために、現在は非球面のレンズを使ったり、屈折率の異なる硝材を持つ複数のレンズを組みわせることで屈折望遠鏡の収差は非常に良好に軽減されています。特に、フローライト（蛍石）・異常分散光学ガラス・超低分散光学ガラスが開発され、それらを商品化したEDレンズ、SDレンズといった屈折性能の良好なガラスを用いることで、収差はほとんど気にならないくらいにまで補正されるようになっています。

　このような技術が使われるようになってきたのは、光学ガラスの研究が進んだ20世紀半ば頃からですから意外と歴史が浅いといえます。

　16世紀から19世紀頃まではまだレンズの収差を補正することが難しかったのですが、一つ方法がありました。それは対物レンズの焦点距離を長くすることです。焦点距離を長くすることで、光の波

レンズの収差を克服する技術

長による焦点位置を良好な範囲に抑えることができます。ガリレオの望遠鏡は焦点距離1330ミリメートル（出典：『天文教育』2010年3月号）ということですが、当時の多くの望遠鏡は非常に長い鏡筒を採用しています。あまりにも長いので、鏡筒をなくしてレンズだけを空中に浮かべた空気望遠鏡というものまで作られていました。例えば、オランダの天文学者クリスティアーン・ホイヘンス（1629−1695）が1675年頃に製作した空気望遠鏡は、なんと長さが46メートルもありました。

　もう一つ収差を軽減する方法として絞りを入れるという方法があります。対物レンズの周辺部分を円筒形の覆いで覆い、レンズ中心部の光だけを利用することで球面収差を軽減させることができます。ガリレオの望遠鏡も対物レンズに絞りがついていました。

　ホイヘンスは1655年に自作の望遠鏡で土星の環と衛星タイタンを発見したことで知られていますが、接眼レンズのレンズ構成でも歴史に残る功績をのこしています。それはホイヘンス式接眼鏡の発明です。ハイゲンス式とかハイゲン式ともいいます。大小2枚の平凸レンズを一組としたもので、色収差は少し残っており、湾曲収差もありますが、構造がシンプルで低コストなため、現代に入っても1970年頃までは広く使われていました。視野レンズ（対物レンズ側）をメニスカスレンズ（両面とも曲率を持つ）にして像面湾曲を少なくした改造型のミッテンゼーハイゲンス式というものも登場しました。ホイヘンス式は視野レンズも目側のレンズも片面が平面のレンズでした。

● 収差の克服

その後、1970年代以降はコンピュータによる設計ツールの登場や低分散・異常分散といった新硝材の普及、非球面レンズの製造技術の進歩などによりレンズの性能は急速に進みました。現在、天体望遠鏡の接眼レンズは、入門用のものでもレンズを4枚組み合わせたアッベ式オルソスコピックやプローセル式オルソスコピックといったものが使われ、さらに5枚以上のレンズを組み合わせて色収差だけでなく各種収差を補正した超広視野で高性能なものが作られています。また、接眼レンズの使いやすさとして、視野（見かけ視界）の広さやアイポイント（接眼レンズから眼球表面までの距離。これが長いほど覗きやすい）の長さといった要素がありますが、これもレンズの組み合わせを工夫することで実現しています。

ガリレオの時代は1枚レンズだったのが、後に2枚の屈折率の違うレンズを重ね合わせて色消し（色収差軽減）性能を高めたアクロマートレンズ（赤青の2色に対して補正）が登場してきました。アクロマートレンズは19世紀にはすでに使われており、天体望遠鏡用としては、ドイツの物理学者ヨゼフ・フォン・フラウンホーファー（1787－1826）が発明したフラウンホーファー型アクロマートレンズが現代に至るまで使われています。フラウンホーファーはスペクトルの中のフラウンホーファー線の研究者としても知られています。

アクロマートレンズに続いて、さらに収差補正性能を高めたアポクロマートレンズ（赤青緑3色補正）が登場してきました。1970年前後から、対物レンズにフローライトやEDレンズを使ったアポクロマートレンズが広く使われるようになっていきました。現在では、フローライトやEDレンズを採用したアポクロマートレンズが普及

しており、ほとんど反射望遠鏡と変わらない画像を見せてくれます。ただ、口径あたりのコストが非常に高い（同口径なら反射式の10倍以上）ので、大型の望遠鏡はほとんどが反射式です。

● コーティング技術の発達

もう一つ、望遠鏡の性能向上に寄与したのがコーティング技術です。コーティングとは、レンズの表面に塗布した薄膜のことです。メガネレンズやカメラレンズの反射光が緑色や紫色に見えることがあります。あれがコーティングの色です。コーティングをしていないガラス面は光を反射するので、収差を補正するために何枚ものレンズを組み合わせると、各レンズの表面での反射が重なり光の透過率やコントラストが悪くなってしまいます。何十年も前のカメラレンズを現代のカメラに取り付けて撮影してみると、コントラストの悪いぼんやりした画像になることが多いですが、これはコーティングの差です。

コーティングの厚さは可視光の波長よりも短く、コーティング表面（空気側とレンズ側）で反射してくる光の波の位相がずれているため互いに打ち消しあって反射を抑えるという仕組みです。

コーティングを1層だけ行なうものをシングルコート、多くの波長の光の反射を抑えるために何層も重ねてコーティングしたものをマルチコートといいます。コーティングは真空の容器内で、フッ化マグネシウムなどのコーティング材料を気化してレンズに蒸着させるという高い技術が必要です。本格的にコーティングが行なわれるようになったのは、1950年代になってからです。その後コーティング技術は急速に進み、1960年代頃からはマルチコートが普及し

始め、現在の光学製品は、ほとんどがマルチコートになっています。

● 赤道儀で天体の日周運動を追う

　もう一つ天体望遠鏡の性能を決める要素として、架台の技術があります。天体は日周運動（地球の自転による見かけの運動）をしているため、星の動きを追尾しないとすぐに視野から消えていってしまいます。そのため、一つの軸の歯車を動かすだけで追尾できる赤道儀という架台が使われるようになっていきました。赤道儀は北極星の方向を向く赤経軸と、それと直交するように回転する赤緯軸の2本で構成されています。赤経軸を正確に北極星の方向に合わせておくと、この軸を日周運動に合わせて回転させることで目標の天体を常に視野の中に収めておくことができます。

　これをドイツ式赤道儀といい、先ほど登場した19世紀初めのドイツ人物理学者フラウンホーファーによって発明されました。

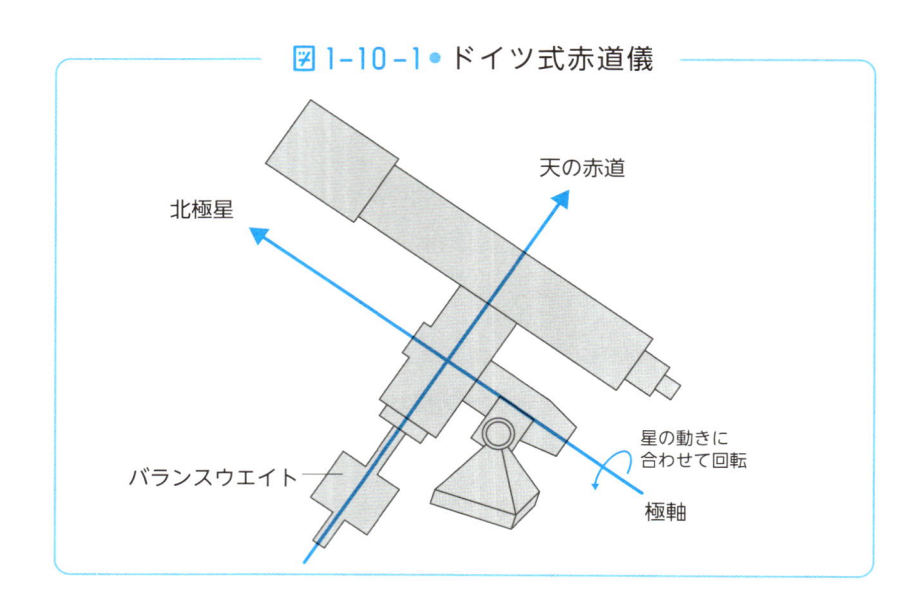

図1-10-1●ドイツ式赤道儀

天の赤道

北極星

星の動きに
合わせて回転

バランスウエイト

極軸

顕微鏡の発明

—— ヤンセン父子、フック

　望遠鏡が目には見えない宇宙の彼方を地球に近づけてくれるものなら、顕微鏡は身近に存在する目には見えないような微細な世界を拡大して見せてくれます。顕微鏡も望遠鏡同様、近代科学の発展に大きく貢献した技術です。

　顕微鏡は16世紀末、望遠鏡と同じ頃に発明されました。遠くを見るか近くを拡大して見るかで光学系が違いますが、基本的に望遠鏡と同じように2組のレンズの組み合わせでできています。メガネレンズが人々の間に普及したのは、14世紀から15世紀頃とされていますから、レンズの製造販売がその頃からビジネスとして発達し、それが望遠鏡や顕微鏡の開発につながっていったと思われます。

● オランダのヤンセン父子、顕微鏡を発明

　顕微鏡を最初に考案したのは、オランダのメガネ技術者であったヤンセン父子で1590年頃とされています。1660年代にはイギリスの物理学者ロバート・フック（1635－1703）が顕微鏡を使ってコルクの細片を観察し、内部が細かなセル（細胞）でできていることを発見しました。フックが1665年に書き著した『Micrographia（顕

微鏡図譜）』には、顕微鏡を用いて描いたノミやハエなどの細部の詳細なスケッチが残されています。

図1-11-1● Micrographia（顕微鏡図譜）のコルク

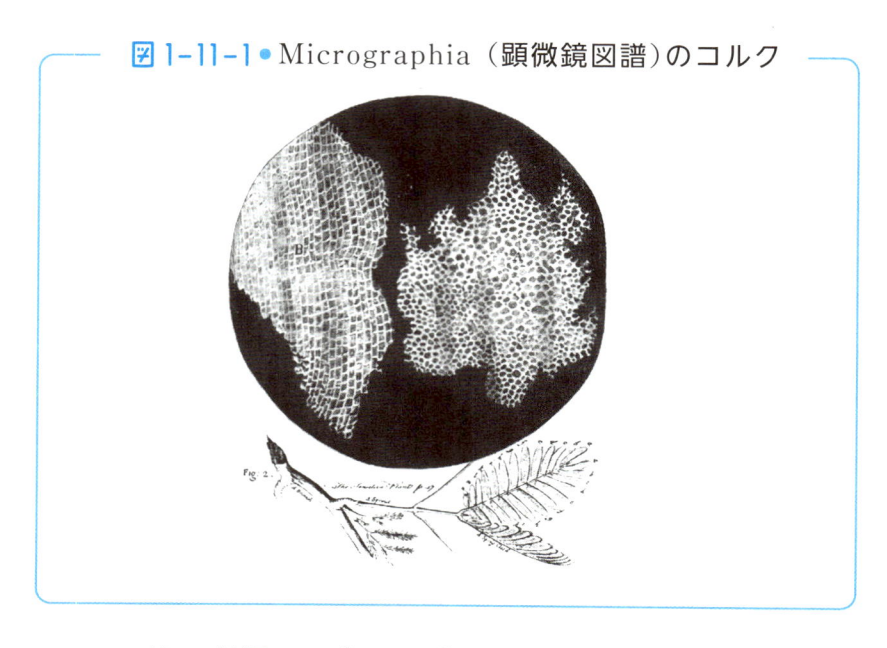

　フックは17世紀のイギリスの偉大な科学者で、業績は同時代を生きたニュートンと並びます。ニュートンの光の粒子説に対してフックは波動説をとなえました。また、フックの法則（バネの伸びと荷重は正比例するというバネの法則）を発見しています。

　顕微鏡で生物を観察し記録を残した人物として、忘れてはならないもう一人の科学者がいます。それはオランダ人のアントーニ・ファン・レーウェンフック（1632－1723）です。彼は商人でしたが、顕微鏡にはまった顕微鏡オタクでもあり、何百台もの顕微鏡を製作しました。目には見えないような微細な微生物を顕微鏡で発見し、赤血球や精子など数多くの精細なスケッチを残しています。

　フックやレーウェンフックが活躍した17世紀には虫眼鏡に近い

単式顕微鏡と、レンズを2枚（対物レンズと接眼レンズ）使った複式顕微鏡の2種類が使われていました。その後次第に収差を補正して覗きやすくした2組のレンズで構成される複式顕微鏡が主流となりました。単式のものは現在もルーペとして使われています。

　細胞・血液など生体の細部を見ることができる顕微鏡は、近代医学や生命科学の発達に大きく貢献していきました。

● 電子顕微鏡の登場

　光学顕微鏡は、どんなに優秀な光学系を採用しても、分解能の限界があります。光で対象物を見ているため、光の波長（800から350ナノメートルほど）以下のものは見ることができません。光学顕微鏡の分解能は200ナノメートルが理論的な限界値といわれています。顕微鏡や望遠鏡は、倍率が大きい方がよく見えるように思われますが、どこまで細かく見えるかは分解能で決まります。分解能を決めるのは、顕微鏡も望遠鏡も対物レンズの口径（顕微鏡では開口数）です。大きな対物レンズを使うほど分解能が高くなります。

　光の波長よりも小さなものを見るために発明されたのが電子顕微鏡です。電子顕微鏡は光学顕微鏡の分解能の限界を超えるために、光の代わりに電子線（電子の流れ、陰極線ともいいます。身近なところでは最近までテレビのブラウン管で使われていました）を用います。電子の波は波長が光よりもはるかに短く光学顕微鏡より3桁高い分解能を得ることができますから光学顕微鏡では見えなかったような細部が見えてきます。最新のもの（走査型トンネル電子顕微鏡（STM））では直径0.1ナノメートルの原子そのものを見ることができるほどの高い分解能を持っています。

　電子顕微鏡は光の代わりに電子線を使い、レンズの代わりに磁力を使って電子線の方向を変えます。電子はマイナスの電気を持っていますから、コイルに電流を流し磁界をかけて経路を曲げることでレンズで屈折させるのと同じことができるのです。電子顕微鏡は大きく分けて、光学顕微鏡と同じように薄く加工した試料に電子線を透過させて見る透過型電子顕微鏡（TEM）と、試料に当たった電子線が反射してきたものを見る走査型電子顕微鏡（SEM）があります。電子は目には見えませんから蛍光板に像を結ばせます。

　電子顕微鏡は1931年にドイツの物理学者エルンスト・ルスカ（1906－1988）と電気技術者のマックス・クノール（1897－1969）

が発明しました。ルスカは1986年に電子顕微鏡の発明によってノーベル物理学賞を受賞しています。

　電子顕微鏡が使用する電子線の波長は、前述のように原子の大きさ（直径0.1ナノメートル）よりも短いため、原子1個1個を見ることができます。2013年、米国IBM基礎研究所は、同研究所で開

図 1-11-2 ● エルンスト・ルスカと電子顕微鏡

写真：アマナイメージズ

発した「走査型トンネル電子顕微鏡（STM）」を使って、原子1個1個の位置を人為的に変えて約250フレームのアニメ（1分33秒）

『A Boy And His Atom』を発表し話題になりました。

　走査型トンネル電子顕微鏡は極めて細いプローブ（探針）を原子になぞるように当てて、1個の原子を走査できるものです。トンネルという名称は、トンネル電流を利用するからです。トンネル電流とは、試料と探針の距離が1ナノメートル程度まで接近すると、量子力学的なトンネル効果、つまり離れていてもポテンシャルの壁を破ってトンネルが開いたかのように電流が流れることで、試料とのナノメートルスケールの距離をなぞって観察することができます。トンネル効果はノーベル物理学賞受賞（1973年）の江崎玲於奈（1925－）博士が発明（1957年）したエサキダイオード（トンネルダイオード）で有名です。

　電子顕微鏡は、光学顕微鏡では見えなかったウイルスのような数十から数百ナノメートルの小さなものが見えるため、医学の発展にも大きく貢献していきました。また、原子レベルの小さなものまで見えるので、最先端の材料工学など、工学や物理の分野でも役立っています。

製紙技術と印刷技術

── 蔡倫、グーテンベルグ

　紙・印刷技術・火薬・羅針盤の発明は科学技術史上の4大発明といわれることがあります。もちろんこれは西洋のルネサンス期の頃までの話で、これ以降ここまで触れてきたとおり、数多くの技術が世の中を大きく変えてきました。それらの個々については後ほど章を改めて述べることにし、ここでは世界を中世から近世、そして近代へと押し進めてきた歴史上の重大な発明について書きます。

● 紙 の 発 明

　紙は後漢（西暦25－220年）の蔡倫という人が西暦100年頃に発明したといわれています。樹木の皮を湯で溶かし、漉いて薄い紙を作る技法です。実際は、紙は蔡倫の時代よりも前からあったという説もあります。日本に伝わったのは6世紀から7世紀頃の飛鳥時代で、日本最古の和紙は奈良の正倉院に収蔵されている西暦702年の戸籍を記した美濃和紙といわれています。

　その後、和紙は日本独自の発展を遂げ、歴史上の出来事の記録や仏典の普及などに大きな役割を果たしていきました。ヨーロッパでは、古代エジプトよりさらに前の時代からパピルスや羊皮紙が使わ

れてきましたが、紙は12世紀中ごろに中国から伝わったとされています。紙は障子や襖などの建材として使われるほか、手紙（伝達）や記録などを担うメディアとしての役割も重要です。和紙に墨で書くことで記録を残したり、人に伝えたりできるようになったのです。また印刷技術が登場してからは紙を使って「情報」の大量生産（拡散・共有）が行なえるようになり、雑誌・書籍・新聞のような形となって情報が世間に広く浸透し、社会の動きに大きな影響を与えるようになっていきました。

　紙が登場する前に使われていたパピルスはカミガヤツリという植物の繊維を編んで薄く延ばしたもので「漉き」という工程がないため紙には分類されていません。パピルスは紀元前30世紀頃からあったといわれ、役所の記録に用いられていました。パピルスはpaper（紙）の語源でもあり、紙の始まりはパピルスであるという考え方もありますが、前述のように水やお湯の中で漉くという工程がないため紙とは少し違います。植物の繊維が細かく絡み合わないので組織が壊れやすいのがパピルスの欠点です。これに対して紙、特に和紙は1000年以上も前のものが非常にきれいな状態で残っていることからも、優れた記録媒体であるといえます。

● 印刷技術の発明

　紙がメディアとして広まっていったのは、ドイツ人の技術者ヨハネス・グーテンベルク（1397－1468）が活版印刷技術を発明してからです。文字を表す活字1個1個を金属の型で鋳造し、それを並べて文章を作り、プレスにかけて紙にインクを圧しつけて印刷するという、現在の印刷の基本技術が開発されていました。ちなみに現

在は活版印刷はあまり使われなくなりましたが、美術書や文芸書など読書の味わいを大切にする書籍では使われることもあります。

図1-12-1●グーテンベルクの印刷機

写真：アマナイメージズ

　グーテンベルクの印刷技術の発明が社会に与えた最も大きなインパクトは、聖書の普及といわれています。印刷によって大量生産が行なえるようになり手頃な価格で、誰もが聖書を購入できるようになったのです。印刷技術によって作られた本は、新しい知識や考え方を広く普及させていく大きな力を持つようになりました。現在のインターネットやSNSなどのデジタルメディアに匹敵するような歴史上の大転換でした。

1-13

火薬と鉄砲の発明

—— アルフレッド・ノーベル

● 火薬の発明

　歴史を変えた大発明の一つとして、火薬と鉄砲の発明があげられます。火薬は主に武器として使われました。大砲や鉄砲の弾の他、現在のロケットやミサイルのような飛ぶ兵器の推進剤としても欠かせません。火薬を利用した高性能の兵器の発達が世界を変えていきました。兵器が世界を変えるというのは実に残念なことですが、今も昔も変わらず強い軍事技術を持つ国が覇権を握るのです。ちなみに現代では、爆発したときの燃焼速度が音速以下のものを火薬といい、音速を超えるものを爆薬（炸薬）といいます。

　火薬は一方で、平和のためにも利用されてきました。ダイナマイトのような大規模な破壊を行なうことができるものは、土木工事などに欠かせないものとなりました。災害を減らす治水工事やダムの建設、建物を作るための斜面の破壊など、土木工事の効率を上げ作業を大幅にスピードアップすることができました。

　ダイナマイトはよく知られているように、1896年に遺言によってノーベル賞を創設（授与は1901年から）したスウェーデンの化学者アルフレッド・ノーベル（1833－1896）が発明したものです。

ダイナマイトは、ニトログリセリンを珪藻土にしみ込ませて、安全に扱えるようにした爆薬です。ノーベルが開発した爆薬は兵器として戦争で大量に使われるようになり多くの兵士や市民の命を奪いました。ノーベルは心を痛め、ダイナマイトで得た莫大な資産を基金としてノーベル賞を設立しました。

それでは火薬はいつ頃発明されたのでしょうか。最初の火薬は中国で発明されたといわれています。紀元前という説もあれば6世紀頃という説もあります。最初の火薬は黒色火薬といわれるものでした。木炭・硫黄・硝石を一定の割合で混合したものです。13世紀頃には矢に火薬をつめて推進力とする、今でいうロケット砲が戦いで使われ始めました。14世紀頃には大砲が登場し、15世紀には最初の近代的な銃といえる火縄銃がヨーロッパで発明されました。

● 日本における鉄砲

火縄銃が日本に伝わったのは1543年、種子島に漂着したポルトガル人によるものとされています。日本人はすぐに鉄砲のメカニズムを調べて、同じものを作り始めました。ちょうど戦国時代であった日本では、鉄砲は画期的な威力を持つ新兵器としてあっという間に拡がり、幾多の合戦で使われていきました。

1575年の長篠の戦いでは、武田勝頼の軍と徳川家康・織田信長の軍が戦い、徳川方は大量の鉄砲（火縄銃）を使い勝利しています。信長が発案したといわれる火縄銃三段撃ちが有名です。また、1614年の大坂冬の陣では、徳川家康が大口径・長射程の大砲で豊臣方の大坂城を砲撃したことが知られています。まさに科学技術を制するものが時代を制するといういい例といえるでしょう。

1-14

科学技術の先駆者

—— レオナルド・ダ・ヴィンチ

● 芸術と科学の天才

レオナルド・ダ・ヴィンチ（1452－1519）は、イタリア（現在のフィレンツェ）生まれの天才で、絵画・彫刻・建築・土木そして科学と幅広い分野で時代を超えた先進的な仕事をしました。

では、彼は科学の分野では、どのようなことに興味を持っていたのでしょうか。『レオナルド・ダ・ヴィンチの手記（下）』（杉浦明平訳、岩波文庫）の科学論に割かれたページ数を見ると、最も多いのが「水」58ページ、続いて「解剖学」で42ページ、「鳥の飛翔」33ページ、「地質と化石」26ページ、「天文」23ページ、「空気」18ページ、「力、運動」10ページ、

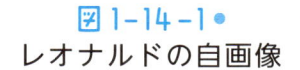

図 1-14-1●
レオナルドの自画像

「光」9ページ、「音」と「炎」が各4ページ、「数学」が2ページとなっています。

この他、冒頭に「経験」「自然」「理論と実践」という項目があり、この部分にレオナルドの科学に対する考え方がまとめてあります。それはまさに、観察・観測・実験から論理的に法則性を見出していくべきだというもので、ガリレオ以降の近代科学の誕生につながるといえます。

レオナルドは手記の中で次のように述べています。

「私の意図は、まず実験を挙げてしかる後になぜかかる実験がかかるふうに作用せざるをえないかを、理論によって証明するにある。そしてこれこそ自然の諸現象の思索者たちがよってもって進むべき正しい法則である。」（同書11ページ）

このような論理的で実証的な方法によって当時としては考えられないような発見や発明を行ないました。

『手記』に書かれている興味深い記述を見てみましょう。次に掲げたのは「空気」に関する記事です。

「熱せられれば熱せられたものほど軽くなり、冷くされれば冷くされたものほど重さを身につける。しかし凝縮されれば凝縮されたものほど熱を帯びてくる。その結果次のような矛盾が生じる、すなわち、稀薄になればなるほどそのものは熱が少くなる。」（同書79ページ）

これはまさに空気に対する詳しい観察から生まれたもので、現在の空気の物理をそのまま記述している驚くべきものです。空気は温められると軽くなる。これは温度が高くなると密度が下がるためです。温められた空気は軽いので上昇する。これは気象における上昇

気流や熱気球の原理と同じです。

　さらに空気を凝縮すればするほど温度が高くなる。そして、希薄になればなるほど温度が下がる。

　これは、まさにボイル・シャルルの法則のことです。「気体の体積は圧力に反比例し、絶対温度に比例する」という法則です。レオナルドはさらに、上昇気流から雲が生まれる仕組みまで考察しています。

　また工学では、はばたき飛行機や回転翼機（ヘリコプター）の原型といえるアイデアを残しています。鳥の飛行を詳しく観察して、鳥が飛ぶ原理についても考察しています。レオナルドは水や空気のような流体に非常に深い興味があったようです。軽くて丈夫な材料と動力がもしも当時あったなら、飛行機やヘリコプターを製作していたかもしれません。

　レオナルドが生きた15世紀末の時代は、14世紀頃から始まったルネサンス（文芸復興）の爛熟期で、人々は神の権威よりも個人としての人間の考えや感じ方を重視する方向に変わりつつある時代でした。

　そういう時代に、客観的な観察・観測に基づく論理的な科学の手法を提示したレオナルドは、新しい時代の幕開けを告げてくれた天才であったといえます。

● レオナルドの生きた時代

　レオナルドが生きていた頃の日本は弱体化した室町政権を背景に100年にわたって続く戦国時代が始まろうとしているところでした。また1543年には日本に鉄砲が伝来し、戦いのゲームチェンジを招

くようなインパクトをもたらしました。戦国時代は災害や飢饉が多かったことも見逃せません。社会不安があるからこそ、国民の間には社会体制の変化への欲求が強くなっていき、災害を契機として変革が起こってきたのでしょう。いずれにしろ、新しい時代の蠢動（しゅんどう）が始まっていたのが、レオナルドの生きた時代のヨーロッパと日本の状況でした。

　海外では、大航海時代が始まり、それまで見たこともなかったようなアフリカ・アメリカ大陸・アジアの文物がヨーロッパに入ってきました。世界中が中世から近世、さらには近代へ変わろうとしていました。

真空の発見、気体の科学

—— トリチェリ、ゲーリケ、ボイル

● 自然は真空を嫌う

現代人の一般常識でいえば真空とは空気がない状態を指します。また、最新の量子力学的な真空は、物質も時間も空間もなくミクロの粒子が生まれ（対生成）ては消える（対消滅）場所です。

しかしここでは古典的な真空の話をします。真空は何もない状態なので、古代ギリシャの哲学者はイメージするのに困ったようです。紀元前4世紀の哲学者アリストテレスは「自然は真空を嫌う」と言いました。この考え方は以降ずっと西洋の科学を支配してきた概念ですが、これを破ったのがイタリアの物理学者エヴァンジェリスタ・トリチェリ（1608 − 1648）でした。

トリチェリは当時問題となっていた10メートルより深い井戸の水は汲み上げることができないという課題に取り組みました。トリチェリは、空気の圧力（大気圧）が水を押し上げる限界の高さが10メートルくらいではないかと考え、水の約14倍の重さの水銀を使って実験してみました。水銀の比重は13.6です。彼は1メートルほどの長さのガラス管の中に水銀を満たし、それを水銀を張った容器の上に立てると、水銀柱の高さは少し下がり760ミリメートルくら

いで止まりました。つまりその高さが大気圧の大きさだったのです。そして、このときガラス管の上部にできた空間が「真空」だったのです。

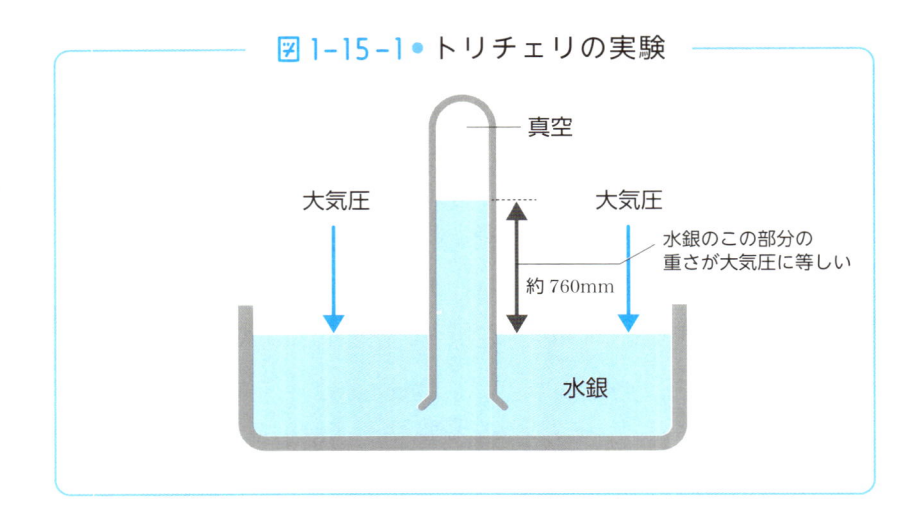

図 1-15-1 ● トリチェリの実験

真空

大気圧

大気圧

水銀のこの部分の重さが大気圧に等しい

約 760mm

水銀

● 史上初の気圧計

　水銀柱の高さは気圧を表しますが、その高さが日によって違うことにトリチェリは気がつきました（1643年）。トリチェリは気圧の変化に気づいた最初の科学者でした。

　この後、1648年には、フランスの科学者・哲学者のブレーズ・パスカル（1623－1662）がトリチェリの気圧計をフランス中部にあるピュイ・ド・ドーム山（標高1464メートル）の麓から頂上まで運び、高度による気圧の違いを測定し、高くなるほど気圧が低くなることを発見しました。

　真空という概念が人々の間に浸透し始めた時代でした。この頃、歴史上有名な実験が行なわれています。1657年の「マグデブルク

の半球実験」です。ドイツのマグデブルク市の市長であり科学者でもあったオットー・フォン・ゲーリケ（1602－1686）が議会庁舎の前で、直径50センチメートル（大きさについては諸説あり）余りの金属の半球を2つくっつけて内部を真空にしたものを両側から馬に引かせ、なかなか半球どうしがはがれないことを実演してみせました。これは大気圧という目に見えないものの存在を一般の人々の前に可視化してみせた画期的な実験だったといえます。

図 1-15-2 ● マグデブルクの半球実験

大気には圧力があり上空へ行くほど小さくなる。空気を抜けばそこは真空となり、真空容器が大気の圧力で強く圧しつけられる。そういうことがわかってきたのです。ちなみに大気の圧力は地表1平方メートルあたり約10トンという大きな力です。

これらの発見・発明、チャレンジ精神に敬意を表して、気圧を始

めとした圧力の単位には、トル（Torr）、パスカル（Pa）という単位が使われています。この後、空気の圧力についての研究が続けられ、ロバート・ボイル（1627－1691）やジャック・シャルル（1746－1823）によって、新たな法則の発見につながっていきました。

　こういった科学史上の大発見の他、技術史上見逃せないものがあります。それは人工的に真空を作る真空ポンプの発明です。真空ポンプはまさにこのゲーリケが1650年頃に発明したものだったのです。

　真空の発見とそれを作る技術は、その後の近・現代の物理学の進歩に大きく貢献していきました。ガラス管の内部を真空にし、内部の電極に高い電圧をかけると放電し、さまざまな光や物質を放射します。エックス線もこの真空放電によって発見されました。

図 1-15-3 ● ゲーリケの真空ポンプ

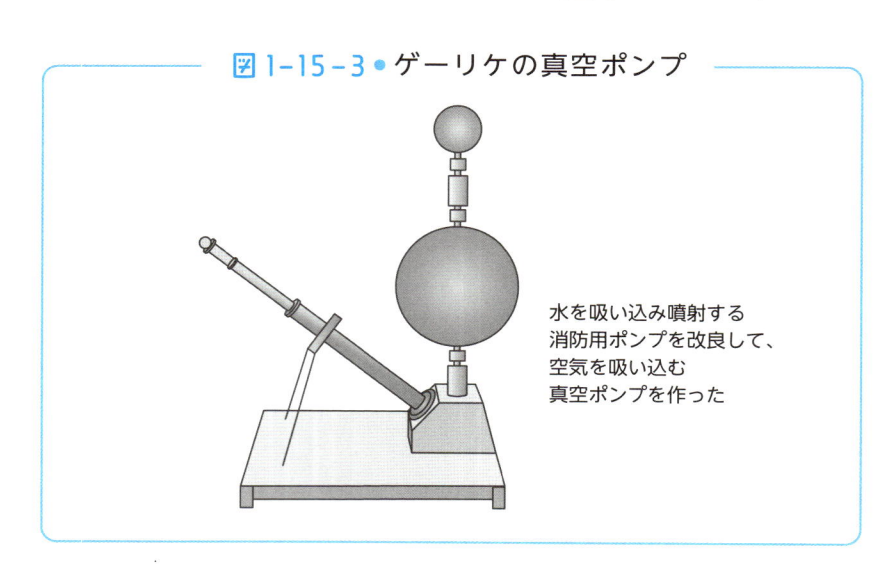

水を吸い込み噴射する
消防用ポンプを改良して、
空気を吸い込む
真空ポンプを作った

真空の発見、気体の科学

1-16

光の科学的考察、粒子か波か

—— ニュートン、ホイヘンス、スネル

● 不思議な光

　光は不思議な存在です。この宇宙で光よりも速いものは存在せず、その速度は約299,792,458メートル毎秒（真空中）。1秒間に約30万キロメートル進む速さです。この速度は私たちの宇宙における最大速度で、これよりも速いものは存在しません。素粒子物理学の定説となっている「標準理論」によれば、光は光子（フォトン）と呼ばれる素粒子の一つでボース粒子（ボゾンともいう）に分類され質量はゼロです。ボース粒子は素粒子間の力を媒介するとされる粒子で、光子の他、ウィークボゾンやグルーオンがあります。光子は先にあげた「光速」で、宇宙のどこまでも同じ速度でエネルギーを失うことなく飛び続けます。重力があると空間が歪められ、歪んだ空間に沿って、最短距離を真っすぐに進み続けます。また異なる物質の間を進むときは屈折して経路が曲がります。これは密度の高い物質の中に光が入って速度が少し遅くなるためです。光の正体は何なのか、それはいまだにわかっていません。しかし、光が起こすさまざまな現象を観測することで、光の性質については明らかになっています。

● 光を巡る論争

　光は粒子なのか波なのか。これを最初に議論したのがニュートン、ホイヘンス、フックといった科学者です。前述しましたが、ホイヘンスとフックは光を波と考える光の波動説をとなえ、ニュートンはプリズムで太陽の光を7色に分けて見せ、光は粒子と考えた方がわかりやすいと主張しました。この論争は19世紀の終わりから20世紀の初めにかけて一応の決着を迎えました。

　19世紀の初めイギリスの科学者トーマス・ヤング（1773－1829）と、フランスの科学者オーギュスタン・ジャン・フレネル（1788－1827）は光が波であることを証明しました。ヤングは光が2つのすき間を通過すると、スクリーンに干渉縞が生ずることから、光は波の性質を持つと考えました。これが、ヤングの実験（1805年頃）と呼ばれているものです。干渉縞とは光の山と谷がずれることで発生する縞模様のことです。

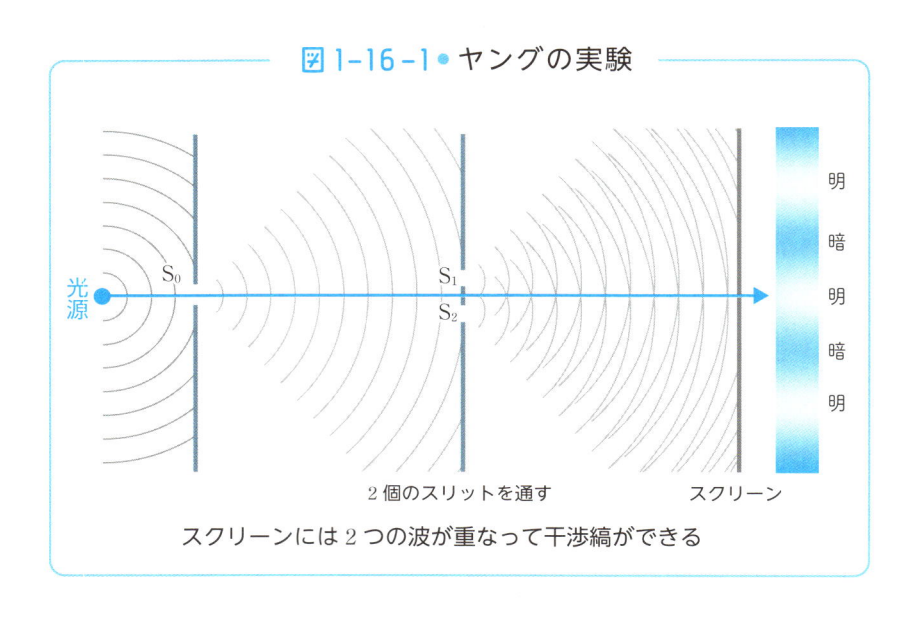

図 1-16-1 ● ヤングの実験

光源 　S_0　　　S_1　S_2　　　明　暗　明　暗　明

2個のスリットを通す　　　スクリーン

スクリーンには2つの波が重なって干渉縞ができる

ヤングは物体の弾性率を表すヤング率を発見したことでも知られています。固体にかかった応力と歪みは一定の範囲内で比例し、歪みの値は物質によって異なる、という法則です。

　フレネルも光が干渉しあうことを示して、光は波であるという説をとなえました。フレネルは、フレネルレンズと呼ばれる平面型のレンズを発明したことで知られています。フレネルレンズはルーペや灯台の投光器のレンズとして現在も使われています。

　このようにして、光は波であるという波動説が主流になっていたのですが、1887年、ドイツの物理学者ハインリッヒ・ヘルツ（1857－1894）が金属の板に光を当てると電子が飛び出してくる光電効果を発見しました。さらに1905年、アインシュタインが光量子仮説についての論文を発表し、光の粒子説が復活してきました。ヘルツは、光が電磁波であることを示した科学者でもあります。光は波か粒子か。この疑問は20世紀の素粒子物理学や量子物理学につながっていきます。

　1905年に発表されたアインシュタインの光量子仮説は、量子力学の扉を開くような大発見でした。1921年、アインシュタインは光電効果の発見により、ノーベル物理学賞を受賞しました。量子力学の入り口に立ったような大発見でしたが、アインシュタインは量子力学には不自然さを感じて好きにはなれなかったといいます。

　19世紀終わり頃から20世紀前半にかけては、原子核物理学・素粒子物理学・量子力学など20世紀の物理学の急速な発達の基礎を作り出した重要な時代でした。

 # 光の速度を測る

── レーマー

● 音の速さと光の速さ

　光の速さは、ニュートンが活躍した17世紀後半になってもわかっていませんでした。音速（15℃で約340メートル毎秒）は早くからその速度が求められていました。音の伝わる速度は、大砲のような大音響と光を発するもので、発射してから音が聞こえるまでの時間を測定すれば求めることができます。音速は多くの科学者によって測定され、18世紀前半にはおよそ330メートル毎秒であることがわかっていました。しかし光はあまりにも速く、中には無限の速度を持つのではないかという説も出ていたほどでした。

　そこで17世紀の科学者は光速を求めてさまざまな実験を行ないました。ガリレオも光速測定を試みました。1マイルほど離れたところにAとBのランプを持った人が立ち、Aがランプカバーを開けて光を出し、Bが明るくなったのを確認したらランプカバーをはずして光を出すというものです。AはBのランプが明るくなったのを確認した時間を測定し、光速を測るというものでした。しかし、光の速さは1マイル程度の短い距離では測定できませんでした。

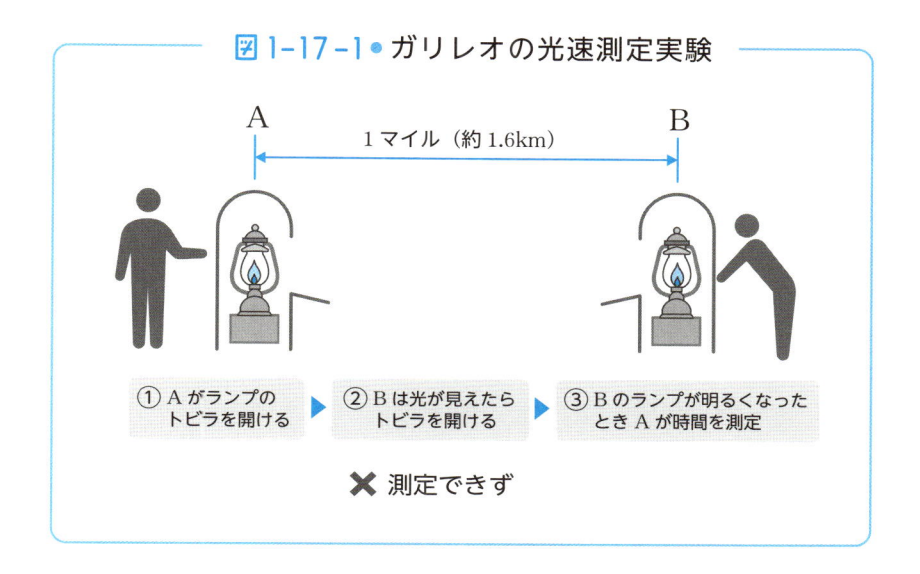

図 1-17-1 ● ガリレオの光速測定実験

A　1 マイル（約 1.6km）　B

① A がランプの
トビラを開ける ▶ ② B は光が見えたら
トビラを開ける ▶ ③ B のランプが明るくなった
とき A が時間を測定

✕ 測定できず

● 光速測定の歴史

　1676年、デンマークの天文学者オーレ・クリステンセン・レーマー（1644－1710）は、木星の衛星を観測し、衛星の食（木星の裏側に入ること）が起こる時刻が地球と木星の距離（地球の公転軌道上の位置の違いから来る距離）によってわずかに違うことに気づき、その差から光速は22万5000キロメートル毎秒ほどと推測しました。光速は約30万キロメートル毎秒ですから、それに近い結果を導いていたといえます。正確な速度ではありませんでしたが、光速が無限ではなく有限であることがわかっただけでも大きな成果でした。

　1849年には、フランスの物理学者アルマン・フィゾー（1819－1896）が、回転する歯車を用いて光速を測定することに成功しました。光源から出た光をハーフミラー（光の半分を反射させ半分が透過する鏡）で反射させて、回転する歯車の歯の間を通過させます。約 9 キロメートル先に置いた鏡で反射して戻ってきた光は、回転

する歯車が1つ進んでいると遮られて見えません。つまり歯の数と歯車の回転数がわかれば、光が反射鏡までの間を往復した距離から光速を求めることができるというわけです。フィゾーの実験では、歯車と反射鏡の距離は8633メートル、歯車の歯の数は720個、歯車の回転数は12.6回転毎秒でした。このようにして求めた光の速度は、31万3000キロメートル毎秒。現在わかっている光の速度に近い値です。

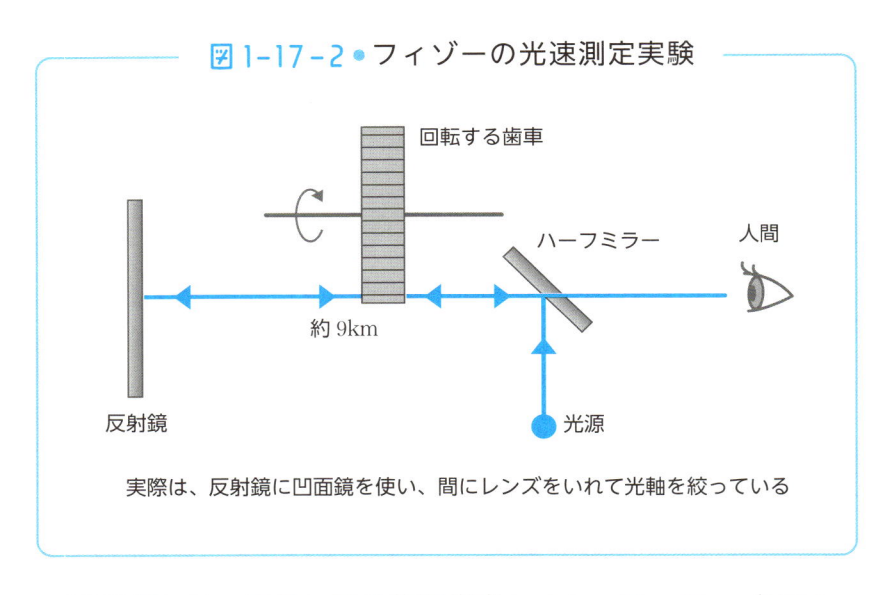

図1-17-2 ● フィゾーの光速測定実験

回転する歯車

ハーフミラー

人間

約9km

反射鏡

光源

実際は、反射鏡に凹面鏡を使い、間にレンズをいれて光軸を絞っている

1862年には、フランスの物理学者レオン・フーコー（1819－1868)が、回転する鏡を使った実験で、光速を測りました。鏡までの距離はフィゾーの実験より短い20メートル。実験を重ねた結果、フーコーは光の速度を29万8000キロメートル毎秒としました。またフーコーは水中でも光速を測定し、水中では空気中よりも遅くなることも発見しています。ちなみにフーコーは地球の自転を証明する「フーコーの振り子」の実験でも知られています。

時代が進むとともに光速はさらに正確に求められるようになり、1926年にはアメリカの物理学者アルバート・マイケルソン（1852−1931）が自ら発明した「マイケルソン干渉計」を使って29万9796メートルキロ毎秒という数字を出しています。

　現在、真空中の光の速さは、2.99792458×10^8メートル毎秒とわかっています。光の速さは長さの単位メートル（記号：m)の定義にも使われています。1983年の国際度量衡委員会で、1メートルは「光が真空中を2億9979万2458分の1秒の間に進む距離」と定義されました。

エーテルの否定

── マイケルソン、モーリー

光は波なのか粒子なのか。この争いは19世紀の半ばには波動説が勝利しつつありました。しかし当時は、波ならそれを伝える媒質が必要だと考えられていました。その仮想の媒質はエーテルと名づけられていました。ヘルツ、そしてマクスウェルによって光は電磁波の一つであることがわかってきて、電磁波は媒質を必要とせずに伝わるにもかかわらず、エーテルの存在を科学的に否定することはなかなかできませんでした。

おそらく当時の科学者の多くも、エーテルなんてないのではないかと思い始めていたのでしょう。宇宙に対して絶対に静止していて、全宇宙にあまねく存在している媒質となる物質とは何でしょうか。もしも質量があればとんでもない大きさになってしまいます。

● マイケルソン＝モーリーの実験

この問題に挑んだのが、アメリカの物理学者アルバート・マイケルソンとエドワード・モーリー（1838－1923）です。二人は1887年に「マイケルソン＝モーリーの実験」として知られる実験を行ないました。光の干渉縞を利用して光速のわずかな差を測る干渉計を

使って行なう実験です。もしもエーテルがあるとしたら、地球が自転や公転によって宇宙空間を進んでいるとき、エーテルの「風」が一方向から吹いていれば、エーテルの速度が地球の運動の向きによって異なるはずだと考えたのです。二人はさまざまな方向から光がやってくることを想定し、干渉計で測ってみました。その結果、光の速度はどの方向からやってくるものも、まったく同じ速度でした。この実験によって、エーテルが存在しないことが確定しました。

図 1-18-1 ● マイケルソンの 1881 年の干渉計

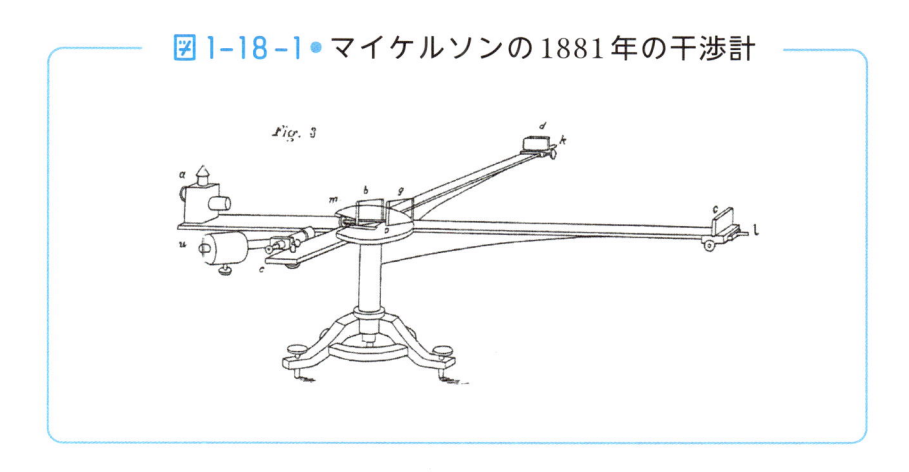

これは光速度不変の原理として、アインシュタインの特殊相対性理論(1905年)につながっていきました。マイケルソンは、この業績によって1907年のノーベル物理学賞を受賞しました。

今、このような精密な干渉計を使った実験は、宇宙からやってくる重力波を捉える研究へと発展してきています。

科学技術の歴史

13世紀	13世紀頃	火薬で推進するロケット砲（矢）を発明。
15世紀	1450年頃	グーテンベルグ、活版印刷術を発明。
	1543年	コペルニクス『天球の回転について』を著す。
	1569年	メルカトル、メルカトル図法を発明。
16世紀	16世紀後半	ウィリアム・ギルバートが静電気を研究。
	1589年	ガリレオ・ガリレイ「ピサの斜塔の実験」。
	1590年頃	ヤンセン父子が顕微鏡を発明。
17世紀	1600年頃	ティコ・ブラーエが肉眼での観測によって、詳しい星のカタログを作成。
	1608年	オランダのリッペルハイ、望遠鏡を発明。
	1609年	ガリレオ・ガリレイ、望遠鏡を製作し、月のクレーター、木星の衛星などを発見。
	1609年	ケプラーの法則（第1法則・第2法則）を発表。
	1619年	ケプラーの第3法則。
	1632年	ガリレオ・ガリレイ、『天文対話』を著し地動説を説く。
	1637年	ルネ・デカルト『方法序説』を著す。個としての自我の目覚め。
	1643年	トリチェリ、真空を発見。
	1650年頃	ゲーリケ、真空ポンプを発明。
	1657年	マグデブルクの半球実験。
	1665年頃	ニュートン、万有引力、光の理論、微分積分の発見。
	1665年	フック、顕微鏡で細胞を発見。『Micrographia（顕微鏡図譜）』を著す。
	1700年頃	ニュートン、光の粒子説をとなえる。
	1684年	ライプニッツ、微積分を提示。
	1690年	ホイヘンス、光の波動説をとなえる。
	1687年	ニュートン『プリンキピア』を著す。

世 界 の 出 来 事

15世紀	15世紀前半	最初の火縄銃がヨーロッパで発明。
	1492年	コロンブス、アメリカ大陸発見。
	1498年	バスコ・ダ・ガマがインド航路を発見
16世紀	1503年	レオナルド・ダ・ヴィンチ、『モナリザ』を描く。
	1508年	ミケランジェロがシスティーナ礼拝堂の壁画制作。
	1513年	バルボア、太平洋を発見。
	1517年	マルチン・ルターの宗教改革。
	1519年	マゼランが世界一周を目指して出発。
	1588年	イギリス海軍がスペインの無敵艦隊に勝利。

日 本 の 出 来 事

15世紀	1402年	世阿弥『風姿花伝』発表。
	1404年	日明貿易始まる。
	1428年	徳政一揆起こる。この後一揆が続く。
	1449年	足利義政が将軍となる。
	1460年頃	全国で災害や飢饉が起こる。
	1467年	応仁の乱始まる。
16世紀	1543年	鉄砲伝来。
	1549年	ザビエル、キリスト教を伝える。
	1575年	長篠の戦い。火縄銃が主戦力として活躍。
	1582年	天正遣欧使節ローマに派遣。活版印刷機持ち帰る。
	1587年	豊臣秀吉、伴天連追放令を発布。
17世紀	1614年	大坂冬の陣。家康、大砲を使う。

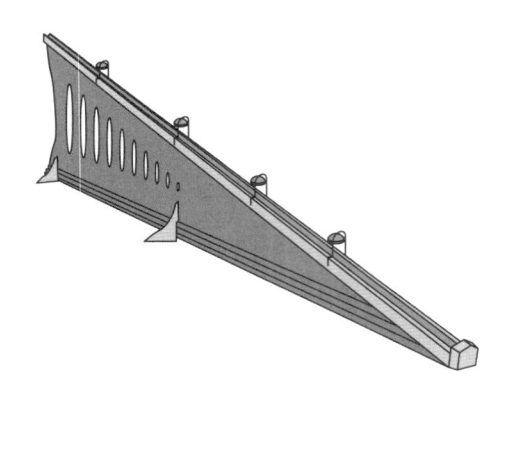

第 2 章

産業革命と社会の変革

——18世紀

新しい動力・蒸気機関

── ニューコメン、ワット

● 上下運動を回転運動に変換

　18世紀後半から始まったイギリスの産業革命は社会を大きく変えていきました。蒸気機関という新しい動力源が工業技術・生産性を大きく向上させていったのです。蒸気機関とは、熱エネルギーを機械的なエネルギーに変換する装置です。石炭などを燃やしてボイラーで水を沸騰させ蒸気を作り出し、この高温の蒸気をピストンに導いて往復運動に変え、その力を軸の回転に変換させるものです。回転する力に変換できれば、何にでも応用することができます。

図 2-1-1 ● 蒸気機関の構造

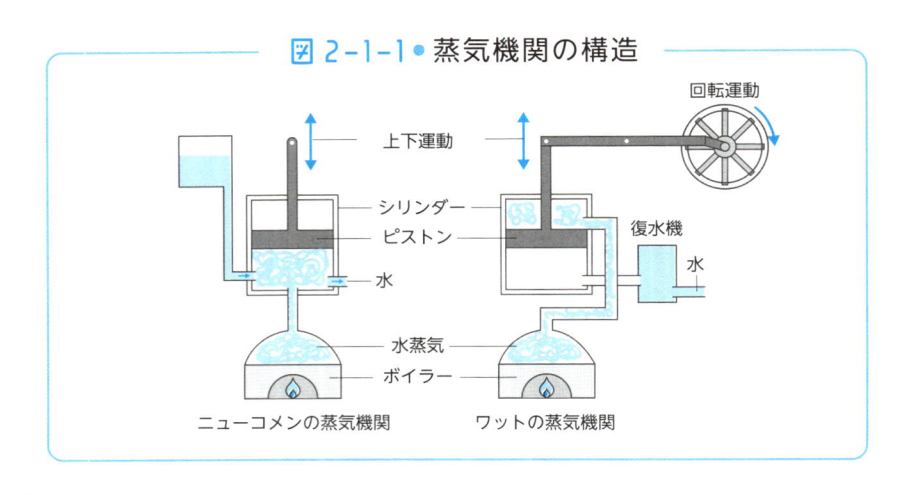

最初の蒸気機関は、イギリスの技術者トーマス・ニューコメン（1663－1729）によって18世紀初頭に作られました。この蒸気機関は蒸気が出入りするシリンダーに直接水を注入して冷却する方式だったため熱効率の悪いところが欠点でした。そこで1776年頃、イギリスのジェームズ・ワット（1736－1819）はニューコメンの蒸気機関に改良を加え、シリンダーに直接水を噴射するのではなく、外部に復水器を設けて冷却する方法を考えつきました。その結果、蒸気機関の効率は大きく向上し、木綿工業・製鉄をはじめ幅広い産業分野で使われるようになっていきました。

　蒸気機関は鉄道にも利用されるようになり、1804年にはイギリス人技術者リチャード・トレヴィシック（1771－1833）によって最初の蒸気機関車が誕生しました。さらに1825年にはジョージ・スチーブンソン（1781－1848）がロコモーション号を発明し1830年に営業運転が始まりました。蒸気機関の発明は、製造業を大変革しただけでなく、工場で作った製品を流通させたり、原材料を大量に運び込むなどの運輸・交通の面でも力を発揮していきました。

　また海上交通を担う船にも蒸気船が登場し、1870年代にはフランスやアメリカで蒸気船が製造されるようになりました。最初に商業運航をした蒸気船は、アメリカ人技師ロバート・フルトン（1765－1815）が1807年に建造した「クラーモント号」といわれています。1819年には蒸気船で大西洋横断が行なわれるようになりました。ペリー率いる黒船艦隊が日本に来たのは1853年。蒸気船は商業だけでなく軍事技術も大きく変えていきました。技術の進歩はひとたび勢いがつけば、加速するように進んでいきました。

図 2-1-2 ● 黒船艦隊

● 資本主義を導いた蒸気機関

　蒸気機関の発明は、その後の電気の発明と並び、社会を大変革していきました。蒸気機関の発明がトリガーとなった社会システムと産業技術の大革命を「第1次産業革命」、19世紀末から20世紀初頭にかけての電気エネルギーによる大変革を「第2次産業革命」、20世紀半ばに登場したコンピュータ・ソフトウェアなどの情報技術による大変革を「第3次産業革命」と呼んでいます（分類には諸説あります）。

　社会システムも変わっていきました。蒸気機関によって生産性が向上したことで、富が資本家に集中するようになり、資本家対労働者という構図ができていきました。産業革命は本格的な資本主義の始まりであったともいえます。また、工場で働く大量の労働者が必

要だったので、地方の農業従事者の若者が大勢都会に集まってきました。そのため、地域に根付いていない労働者、特に若年労働者が増えていきました。これは決してマイナスではなく、消費を活発にし、経済を発展させました。しかし、資本家が利潤を独占するため劣悪な労働環境にさらされる場合もあり、治安の悪化も発生しました。現代社会が抱えている問題の多くは、この頃から始まっていたといっていいでしょう。

イギリスで始まった産業革命は、ヨーロッパ各地に拡がっていきました。また時代が進むに従い、繊維工業などの軽工業から製鉄を始めとする重工業に移っていきました。日本にヨーロッパの産業革命の影響が伝わってきたのは明治維新（1860年代あたり）の頃で、明治新政権は、殖産興業・富国強兵をとなえて、工業を始めとした産業の発展に力を入れていきました。

イギリスで産業革命が起こってから100年遅れの近代化ということになります。この大きな遅れを目の当たりにした明治新政権は相当に焦ったことでしょう。

2-2

温度計の発明

―― ファーレンハイト、セルシウス、ケルビン

● 温度目盛りの発明

　毎日の天気予報で、予想最低気温・最高気温が発表されるなど、温度（気温）は生活に身近な存在です。作物の生育や私たちの健康を考える場合、温度に関心を持たざるを得ません。

　温度計はいつ頃、誰によって発明されたのでしょうか。温度とは、物質の暖かさ・冷たさの尺度で、古代ギリシャの時代にはすでに関心を持たれていました。しかし正確に「暖かさ」を測る方法がないまま時が経ちました。

　17世紀半ばから後半にかけての頃、ホイヘンスやニュートンが温度目盛りについて考察を始めました。その頃になると、近代的な科学が発達し始めたので、正確に温度を測ることに関心が持たれるようになってきたのです。1600年前後にはガリレオ・ガリレイがガラスの管の中に水を入れて、空気の膨張の具合から温度の変化を知る装置を作っていました。またニュートンやレーマーも温度を測る試みを行ないましたが、正確に温度を定義することはできませんでした。

歴史上初めて正確な温度を測ることができる温度計を提案した人物は、スウェーデンの天文学者アンデルス・セルシウス（1701－1744）で、水の氷点（凝固点）を0度、沸点を100度と決め、その間を100等分する温度目盛りを1742年頃に発表しました。最初は氷点を100度、沸点を0度と決めていたといいますが、すぐに逆にしました。これが現在の摂氏温度目盛りの始まりです。摂氏と呼ばれるのは、セルシウスの中国語の表記が摂爾思だからです。日本の物理の教科書ではセ氏と表記される場合もあります。

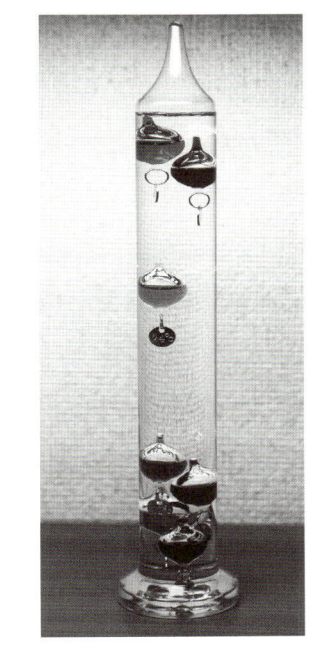

図 2–2–1●
ガリレオの温度計

©Hustvedt

　摂氏と並んで現在も使われているもう一方の温度の単位、華氏はドイツの物理学者ダニエル・ファーレンハイト（1686－1736）が、1724年に、水の氷点を32度、沸点を212度とする温度目盛りを提唱したことから始まります。この温度目盛りは、ファーレンハイトの中国語の表記が華倫海なので華氏と呼ばれています。華氏は日本ではほとんどなじみのない単位ですが、アメリカでは現在も、温度の単位として日常的に使われています。

● 絶対温度ケルビン

温度目盛りにはもう一つ物理学など科学研究分野で使われるケルビン（記号：K）があります。これは、絶対零度（マイナス273.15℃）を 0 ケルビンとし、摂氏目盛りと同じ間隔で刻んだものです。絶対零度とはこれ以下の温度は存在しないという温度で、物質がとりうる最低のエネルギー状態の温度です。温度の単位は国際単位系SIで、ケルビン（記号：K）と決められており、摂氏温度はケルビンから273.15を引いた値となっています。

ケルビン（K）はイギリスの物理学者ケルビン卿ウィリアム・トムソン（1824－1907）にちなんだものです。ケルビン卿は絶対温度ケルビンの重要性を主張しました。

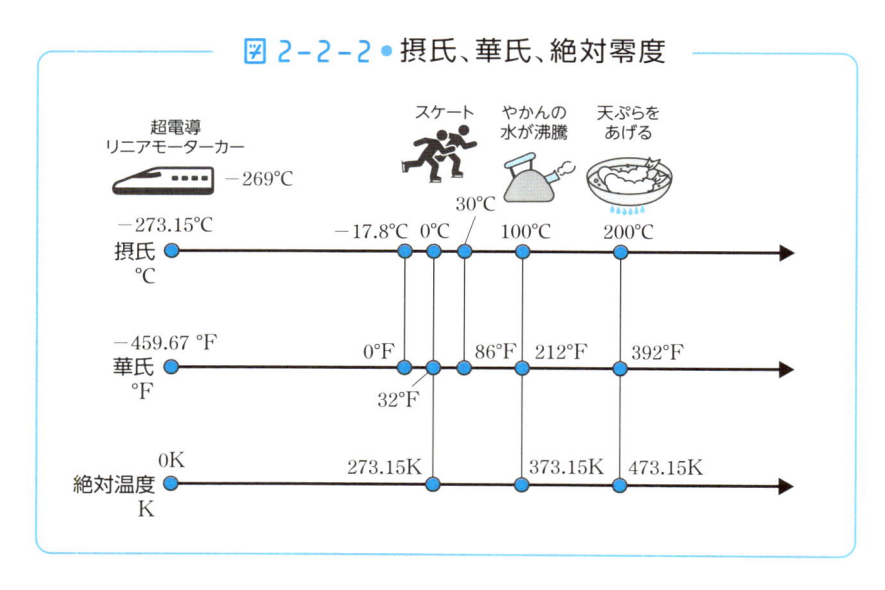

図 2-2-2 ● 摂氏、華氏、絶対零度

絶対零度は熱力学的に最低エネルギーの状態です。面白いことに低温には絶対零度という限界がありますが、高温には限界がありません。私たちの宇宙の最高の温度は、138億年前のビッグバンのと

きの数千兆度以上であるといわれています。これ以上の高温が存在するのかどうかは今のところわかっていません。

　温度を測る器具が温度計で、最初はガラスの細い管に着色した水やガソリンを入れたものが使われました。温度が高くなると液体の体積は増え、低くなると小さくなることを利用しています。温度計には液体式の他、異なる金属を張り合わせ、膨張率の違いから温度によって反り返る量が変わることから温度を知るバイメタル温度計、温度により起電力が異なる熱電対を使ったものや、最近では対象物に近づけるだけで温度が測れる非接触型の温度計があります。非接触型温度計は、対象物からの赤外線の放射強度をセンサーによって測定し温度に換算しています。

電気の発見①

―― フランクリン、ガルバーニ、ボルタ他

● タレスの静電気

電気エネルギーは、人類の生活に極めて大きな変革をもたらしました。人類史上最大の変革といっても過言ではないでしょう。

最初に電気の存在に気づいたのは、古代ギリシャのタレス（前624頃－前548）といわれています。琥珀を布でこすると細かな塵などが吸い寄せられるのを見て電気の存在に気がつきました。静電気が発生していたのです。その後、こすり合わせる材料によって静電気が起こるものと起こらないものがあることに気づくようになりましたが、その正体が何であるかはわかりませんでした。

16世紀に、イギリスの物理学者ウィリアム・ギルバート（1544－1603）は、静電気を研究し、摩擦によって電気を帯びる物質と帯びない物質があることを発見しました。

18世紀には異なる2種類の物質をハンドルで回転させて摩擦を起こし、発生した静電気を金属棒の先で放電させる見世物がヨーロッパで登場してきました。1776年、日本では平賀源内がエレキテル（61ページ）と呼ばれる、摩擦で静電気を起こし放電させる装置を完成させました。源内は当時交易のあったオランダから壊れた

エレキテル装置を入手。自分で修理して人々に静電気による放電のようすを見せたといいます。当時の日本は鎖国状態であったとはいえ、ヨーロッパにそれほど遅れをとることなく、「電気」に接していたといえます。しかし、これが、照明や動力といったエネルギーになったり、コンピュータを働かせたりするようになるとは、当時はまったく想像もできないことでした。

フランクリンが、雷が鳴っているときに凧あげをして、雷の電気をライデン瓶に貯めたのは1752年のことです。ライデン瓶とは、オランダのライデン大学のピーテル・ファン・ミュッセンブルーク（1692−1761）が1746年に発明したもので、ガラス瓶の内側と外側に金属箔を張り、2枚の金属箔の間に電気を貯めるものです。現在の電子部品のコンデンサーと同じ働きをします。

● カエルの脚から電池の発明へ

イタリアの科学者ルイージ・ガルバーニ（1737−1798）は、1786〜1791年にかけて、解剖したカエルの脚に電流を流すと動くこと、また脚と胴に異なる種類の電極（銅のフックと鉄のピンセット）を当ててみると脚が動くことに気がつきました。ガルバーニは、最初は動物が電気を発生させているのではないかと考え「動物電気（animal electricity）」と命名しましたが、後に種類の異なる金属によって電気が起こっていることがわかりました。カエルの脚は電解質として働いていたのです。

1789年のガルバーニの発見にヒントを得て、アレッサンドロ・ボルタはボルタ電池を発明しました。ガルバーニは、カエルの身体に電気の流れがあると考えましたが、現在は筋肉も神経系統も化学

物質を介して電気信号で動いていることがわかっています。ガルバーニは、生理学や医学の面でも偉大な発見をしたといえます。

　アレッサンドロ・ボルタはイタリアの物理学者です。カエルの脚が電気刺激で動くことに着目して、電気が起こる仕組みを研究し、1800年、史上初めての電池であるボルタ電池を発明しました。ボルタ電池は亜鉛と銅を電極としてその間に電解液として希硫酸を置いたものです。亜鉛板が希硫酸で溶けるとき電子を放出し、亜鉛板に導線をつなぐと電子がマイナス極（亜鉛板）からプラス極（銅板）に向かって流れます。ボルタ電池の電圧は約1ボルトでしたが、希硫酸を布にしみ込ませ両側を亜鉛と銅の電極でサンドイッチにしたものを積み重ねて電圧を上げたボルタパイルというものを作りました。電池セルを直列につなぐことで電圧を上げることができることにも気づいていたのです。電圧の単位ボルト（記号：V）は、アレッサンドロ・ボルタにちなんで名づけられたものです。

図 2-3-1● ガルバーニの実験とボルタ電池

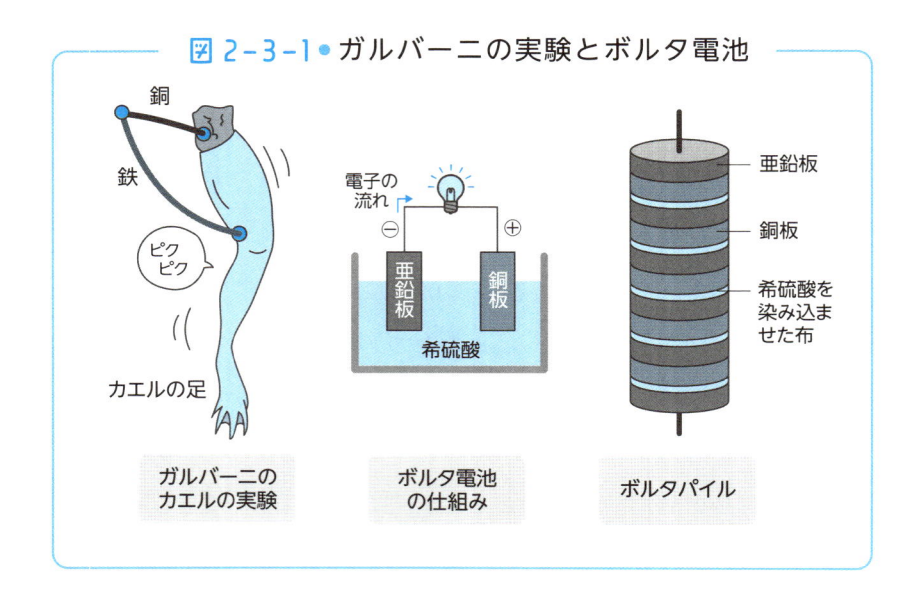

銅
鉄
ピク
ピク
カエルの足

電子の
流れ
亜鉛板
銅板
希硫酸

亜鉛板
銅板
希硫酸を
染み込ま
せた布

ガルバーニの
カエルの実験

ボルタ電池
の仕組み

ボルタパイル

ボルタ電池の登場によって、人類は電気を使いたいときに使えるようになりました。これはその後の物理学や生命科学の発展に大きな影響を与えました。

ボルタ電池はすぐに劣化して使えなくなるので、あまり実用的とはいえませんでした。そこで1836年、イギリスの化学者ジョン・フレデリック・ダニエル(1790－1845)は、ダニエル電池を考案しました。電解液に2種類の物質を使うことで、ボルタ電池の欠点である短寿命を改良し長時間安定して使えるようにしました。

ボルタ電池もダニエル電池も水溶液や水溶液をしみ込ませた布などを使うため、取り扱いが簡便ではありませんでした。そこで、電解質を固体にしたものが発明されました。1866年頃、フランスのジョルジュ・ルクランシェ（1839－1882）が発明した電池は、現在のマンガン乾電池とほとんど同じものです。取り扱いが楽だったため、ルクランシェ電池は普及していきました。内部が湿っていないので乾電池といいます。

電池が日本に伝わったのは1854年です。アメリカのペリーの艦隊が徳川将軍にダニエル電池を献上。1885年には屋井先蔵が日本で初めて乾電池を製造・量産しビジネスとして展開しました。

ボルタ電池が1800年に登場し、その後、ダニエル電池が1836年、ルクランシェ式乾電池が1866年頃と続いて、1885年には日本で乾電池が量産されるようになったのですから、電気技術の発達はかなり急激であったことがわかります。それだけ、科学技術の研究が急速に進んでいったと同時に、国家の威信をかけて科学技術で覇権をとるために電気が必要だったということでしょう。

2-4

⚡ 電気の発見②

―― エルステッド、ファラデー、マクスウェル

● 電気の研究はエルステッドから始まった

　最初の電気エネルギーは電池から生まれました。ボルタ電池がその始まりです。では、この電気はどのようにして、電灯やモーターなどのエネルギーとして使われるようになっていったのでしょうか。

　1820年、デンマークの物理学者ハンス・クリスティアン・エルステッド（1777－1851）は、机の上に置いた電線に電流を流すと、そばに置いてあった方位磁石の針が動くことに気がつきました。電気と磁気には関係があることがわかったのです。電流が流れると同時に磁場（磁界ともいう）も生まれます。磁場とは磁力の及ぶ範囲のことです。エルステッドは電流のオンオフを繰り返し方位磁石の位置を変えて規則性を調べました。その結果、電流の向きと磁場は関係があることをつきとめました。

　この現象をさらに詳しく研究したのが、フランスの物理学者アンドレ＝マリ・アンペール（1775－1836）です。アンペールは、導線に電流を流すと周りに生じる磁力線の向きは電流の進む方向に対して右回りであることを発見しました。これを右ねじの法則（アンペールの法則）といいます。この現象を数式で定義したのが、フ

ランスの物理学者ジャン＝バティスト・ビオ（1774－1862）です。これによって電気と磁気の物理学である電磁気学が確立したといえます。

　この後1831年にはイギリスの物理学者マイケル・ファラデー（1791－1867）が電磁誘導の法則を発見。この法則はファラデーの電磁誘導の法則とか、単にファラデーの法則と呼ばれ、現在の電磁気学の基礎となるものです。ファラデーの法則とは、電場と磁場の関係を示したものです。導線を巻きつけたコイルの内部に磁力線が走っているとコイルに電流が生じます。そして電流の大きさは磁力線（磁束）の数が多いほど強くなります。中学や高校の理科の授業で体験したと思いますが、コイルの中に棒磁石を突っ込んで上下に動かすと電流が流れます。またコイルに電流を流すと、コイルの周囲に磁場が生まれて近くに置いた方位磁石の針の向きが変わります。この現象が電磁誘導で、その後さまざまな工業製品に使われていきました。これなくしては電気を利用した近代的な工業化はありえな

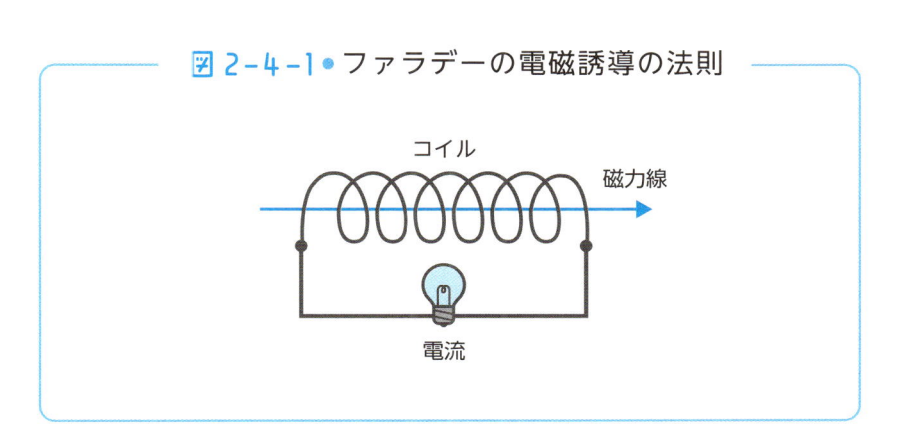

図 2-4-1● ファラデーの電磁誘導の法則

コイル　　　　　　　　磁力線

電流

かったといっても過言ではありません。

　電磁誘導を応用した代表的な工業製品が電気モーターですが、ファラデーも電気モーターにできることに気づいていたといいます。ただ実用的に使えるところまでは至りませんでした。

　フレミングの「右手の法則・左手の法則」で知られているように、電流の向き・磁場・力は互いに直交して働きますから、電場（電流の流れ）を力（動き）に変えることができます。またこれを逆にすると、力を電気に変えることができます。前者が電気モーター、後者が発電機の原理です。

　ジョン・アンブローズ・フレミング（1849－1945）はイギリスの工学者で、電気技術をわかりやすく普及させることに貢献しました。エルステッド、アンペール、ファラデーらの成果を電磁気学として数学的にまとめたのが、イギリスの物理学者ジェームズ・クラーク・マクスウェル（1831－1879）です。彼が編み出したマクスウェル方程式は、電磁場の運動法則を定義するものです。またこの方程式は光が電磁波の一つであることを証明するものでもあり、その後の電気及び電磁波研究に大きな影響を与えました。

● 電気モーターの発明

　史上初めて電気モーターを発明したのが誰であるかについては諸説ありますが、1832年には、イギリスの物理学者ウィリアム・スタージャン（1783－1850）が、また1834年にはアメリカの電気技師トーマス・ダベンポート（1802－1851）が発明したといわれています。

　ただし最初の発明者がはっきりしないということは、機が熟していて誰でも電気モーターを思いつけるような状況になっていたとい

うことでしょう。1831年にファラデーが、電磁誘導の存在を発見し、電磁誘導で発生する力を動力として使う直前まで行っていたのですから。また、1836年にはボルタ電池を改良した実用性の高いダニエル電池が登場しています。これらの要素技術を組み合わせることに気づいた人が最初に電気モーターを完成させたのでしょう。

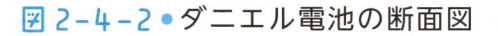

図 2-4-2 ● ダニエル電池の断面図

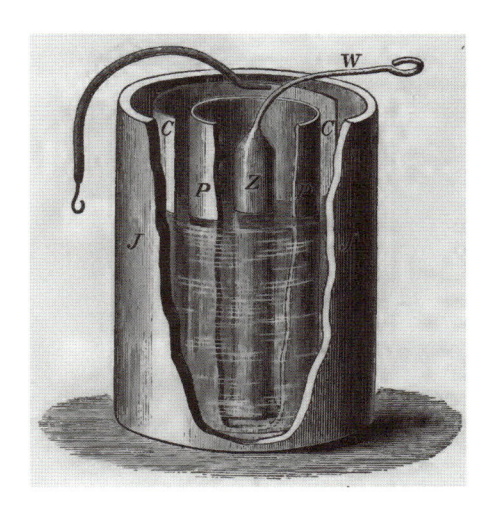

2-5

電気の発見③

―― 交流発電機と大規模産業革命

● 電気で電灯がついた

19世紀はボルタ電池の発明（1800年）で始まり、エルステッド、ファラデー、マクスウェルなどによって電気と磁気の仕組みが理解されていきました。19世紀はまさに電気の時代の始まりの世紀であったといえます。そして20世紀にかけて電気はいよいよ、照明や動力のためのエネルギーとして実用化されることとなります。

19世紀半ばには発電機が製造され、電気エネルギーの本格的な利用が始まりました。電気エネルギーの素晴らしさを実感できたのは、なんといっても照明に使われるようになったことがあげられるでしょう。それまでの薄暗いランプと比べるとずっと明るい電気はまさに新時代を感じさせてくれるものだったと思われます。

史上初の電気照明はアーク灯から始まりました。アーク灯とは炭素の電極に直流の高電圧をかけて電極の間で放電させて光源とするものです。アーク灯は非常に明るかったので、街灯として19世紀半ばから後半にかけて使われていきました。日本でも初めてのアーク灯が1878（明治11）年、東京の工部大学校（現在の東京大学工学部）で輝きました。1882（明治15）年には、アーク灯が銀座の街灯

として点灯し、人々はその明るさに目を見張ったといいます。

アーク灯は街灯などには向いていましたが、明るすぎるのとメンテナンスが大変なので家庭で使うにはあまり適していませんでした。そこで登場したのが白熱電球です。アメリカの発明家トーマス・エジソン（1847−1931）は、

図 2-5-1 ● アーク灯の街灯

1882年の日本初のアーク灯を再現
（2016年）

1879年、ガラス球の中に細いフィラメントを入れ、ここに電流を流すことで光（と同時に熱も）を放つ白熱電球を作りました。エジソンはフィラメントの寿命を延ばすために日本の竹から取った炭素を用いたといわれています。その後、フィラメントとして寿命の長いタングステンが使われるようになりました。

白熱電球は電気抵抗により熱（ジュール熱）を出すので、省エネではないということで、今ではLED電球にとって代わられています。

● 動力としての電気

電気の利用は照明から始まりましたが、動力としても非常に大きな力を発揮します。電気モーターは回転する動力として使えるため、工場をはじめあらゆる分野で広く使われるようになっていきました。

電力を利用するためには、電気を起こす発電所が必要です。世界初の発電所は、1881（明治14）年にエジソンが設立しました。この発電所は直流発電機だったので、送電効率が悪く、すぐに交流送電が行なわれるようになりました。現在は、直流で効率よく送電する技術ができており、データセンターのような大規模なコンピュータシステム（コンピュータは直流で動く）などでは直流送電が使われています。

　交流送電はわりと簡単な設備で昇圧できるため高圧にして送ることで損失が少なくなるというメリットがあります。このように電圧の変換も簡単なので、送電は交流で行なわれるようになっていきました。交流発電機は、ドイツのジーメンス社が1851年に製造し、その後1885年にアメリカの工学者ジョージ・ウェスティングハウス（1846 − 1914）が交流送電を始めました。エジソンが採用した直流送電に対して交流送電は圧倒的なメリットがあったため、交流送電がまたたく間に拡がっていきました。

　ウェスティングハウス社はゼネラル・エレクトリック社と並び、現在もアメリカを代表する総合電機メーカーで、コンピュータ・原子力発電など幅広い分野で活躍しています。

　では日本の発電所はどうなのでしょうか。日本最初の発電所は、東京電灯（現在の東京電力の前身）の火力発電所が1887（明治20）年から発電を開始しました。1889（明治22）年には同じく火力で大阪電灯（現関西電力）が交流発電機で発送電を開始しました。

　水力発電は1891（明治24）年には琵琶湖疏水を利用した蹴上発電所が京都に完成しました。琵琶湖疏水は琵琶湖の水を京都に送るための人工の水路です。蹴上発電所は開業以来130年以上たった現

在も水力による発電を続けています。

　1895（明治28）年には東京電灯がドイツ製の交流発電機を購入し、本格的な発送電を開始しました。1897（明治30）年には大阪電灯がアメリカのゼネラル・エレクトリック社製の交流発電機を導入しました。ただアメリカ製の発電機は60ヘルツ、ドイツ製のものは50ヘルツだったため、現在も東日本エリアと西日本エリアでは周波数が違うという状況になっています。周波数は1秒間に振動する回数のことです。例えば50ヘルツ対応の交流モーターを60ヘルツに電気で使うと回転のスピードが速くなってしまいます。ただ現在は、電気製品の方でこの違いを自動的に補正するようになっていますから、特に問題はないのですが、送電の際に周波数が違うとそのまま他の地域に電力を送れないという問題があります。この問題については、2011年の東日本大震災で切実になりました。

　本格的な発電が始まってから、照明も動力も「電化」が急速に進んでいきます。日本で初めて白熱電球が作られたのは、1890（明治23）年で、現在の東芝の前身にあたる会社の工学者、藤岡市助（1857－1918）が製造しました。

　エジソンが白熱電球を発明したのは1879（明治12）年ですから、アメリカがやればすぐに日本もやるというわけで、日本人の科学技術に対する理解と興味の深さを実感させられます。

2-6

新しい宇宙の発見、星雲（銀河）

—— ハーシェル、ラプラス

● ニュートン力学で天王星を発見

　18世紀から19世紀にかけては、宇宙への認識も拡大していきました。1781年、イギリスの天文学者ウィリアム・ハーシェル（1738−1822）が天王星を発見しました。太陽系には、太陽に近い所から、水星・金星・地球・火星・木星・土星・天王星・海王星と8個の惑星があり、その外側に2006年まで惑星に分類されていましたが現在は準惑星に分類されている、冥王星があります。18世紀までは惑星の数は目に見える6個（水星・金星・地球・火星・木星・土星）だけだと思われていましたが、7番目の天王星が発見されたことで、人類の知る宇宙の概念は、ひとまわり拡がったといえます。

　天王星の発見は、天王星の外側の軌道を公転している海王星の発見へとつながっていきました。天王星の発見の後、公転軌道を詳しく観察したところ、ニュートン力学で予測した位置とはわずかに異なる軌道を示したのです。そこで、正確な天王星の予測位置をイギリスのジョン・クーチ・アダムズ（1819−1892）とフランスの天文学者ユルバン・ルヴェリエ（1811−1877）が計算しました。そして、予測された位置のすぐ近くにドイツの天文学者ヨハン・ゴット

フリート・ガレ（1812－1910）が天体望遠鏡を使って海王星を発見したのです（1846年）。発見された場所は計算で示された位置と1度ほどしか違わなかったといいます。月の見かけの大きさが視野角0.5度くらいですから満月の直径2個分くらいの誤差でした。天体望遠鏡で80倍くらいの倍率で月を見るとほぼ視野いっぱいに月が見えるといったイメージ（アイピースの見かけ視界によって変わります）ですから、だいたいの場所さえわかれば発見は比較的容易だったと思われます。惑星は公転により空を動いて見えますから、毎夜観測して動かない恒星との位置関係を調べて計算すれば軌道を求めることができます。計算により新惑星が発見されたことで、ニュートン力学の正確さ・凄さが再認識されたといえるでしょう。

こうして海王星が発見され、人類の知る宇宙は約45億キロメートル（太陽からの距離）まで拡がりました。

さらに調べると海王星の軌道にもわずかなずれがあったため、その外側の惑星が予想されていました。それが冥王星で、1930年にアメリカの天文学者クライド・トンボー（1906－1997）が発見しました。これで人類が知る宇宙は太陽を中心として約74億キロメートルまで膨らみました。

以降、天体望遠鏡や写真技術の進歩によって、多くの小惑星や彗星、さらには太陽系外縁天体と呼ばれる小型の岩石の星（準惑星エリスなど）が発見されています。現在は、さらにその外にエッジワース・カイパーベルト天体（30－55天文単位の距離、1天文単位は太陽と地球の平均距離。約1億5000万キロメートル）という小惑星の巣となっている場所やオールトの雲と呼ばれる彗星の元になる天体が集まっている場所があると考えられています。

● 宇宙の大きさは半径460億光年

　現在の人類の太陽系に関する理解はここまでです。一方で、人類が知っている宇宙はずっと広く、光が届き観測できる最遠の距離が宇宙誕生のときと同じ138億光年です。ただし、今のところ実際に観測されているのは、宇宙誕生後10億年ほどの128億光年程度の距離にある天体までです。宇宙はビッグバンという、何もないところから大爆発によって物質が生まれて以降、空間自体が膨張し続けていると考えられていますから、実際の宇宙の果ては約460億光年先にあると考えられています。しかしその場所にある天体から出ている光は地球に届くことはありませんから永遠に見ることができません。

　これが現在、人類が知っている宇宙の姿です。宇宙がこんなに広くなったのは、20世紀に入ってからのことで、昔は宇宙が何であるかはなかなか理解できませんでした。

● ハーシェルの宇宙

　銀河を初めて詳しく観測したのは、ガリレオ・ガリレイです。ガリレオは愛用の小さな望遠鏡を天の川に向け、天の川は無数の星の集まりであることを発見しました。またドイツの哲学者イマヌエル・カント（1724－1804）は、1755年に島宇宙（海に浮かぶ島のように宇宙に点在していることから島宇宙と呼んだ）としての銀河を提示しました。ただこの説は観測に基づくものではなく、抽象的な概念としての提示でした。しかし、カントの描いた銀河のイメージは、現在の銀河の概念に近いものであったといえます。カントの説を受け継いだフランスの天文学者ピエール・シモン・ラプラス（1749－

1827)は、1796年「カント＝ラプラスの星雲説」をとなえました。ラプラスの説は太陽系の起源に関するもので、高温のガスや塵が原始太陽の重力に引かれて公転を始め、やがて惑星が誕生していくというものです。

　実際の観測によって、銀河の姿を現在知られているような形で最初に明らかにしたのが、天王星の発見で知られるハーシェルです。1785年、ハーシェルは1000個以上もの星の明るさを詳しく観察し、実際の明るさはどの星も同じであるという仮定の元に、地球からの距離を算出し、銀河の形を提示しました。「どの星も実際の明るさは同じ」という仮定は間違っているのですが、それでも現在知られている銀河系の姿に近いイメージを描き出しました。ハーシェルの提示した銀河は直径6000光年で太陽が銀河の中心にあるというものでした。

図2-6-1●ハーシェルの描いた銀河

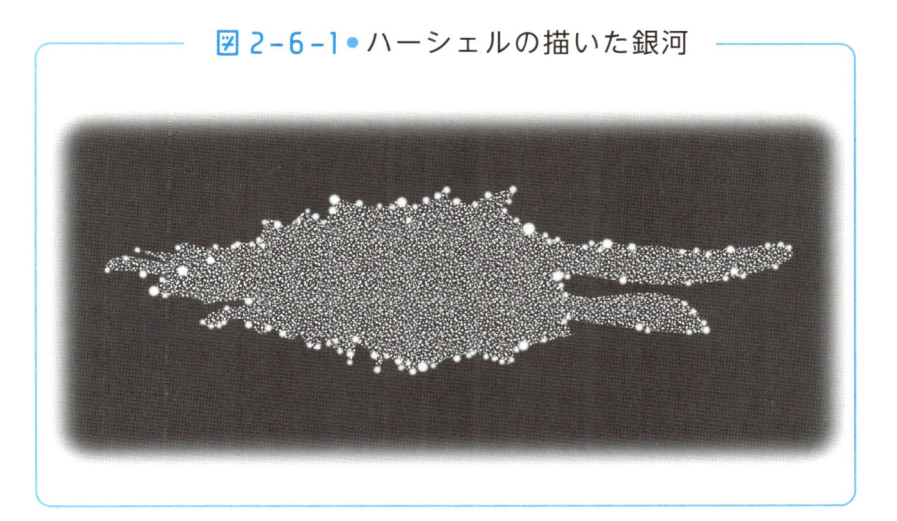

　その後、宇宙を望遠鏡で詳しく観測すると、一定の面積を持って弱い光を放っている天体がいくつもあることがわかってきました。

1774年、フランスの天文学者シャルル・メシエ(1730－1817)は、恒星とは異なる銀河・星雲・星団といった天体のカタログを作成しました。これはメシエカタログと呼ばれ、M1からM110まで110個の天体がリストアップされています。

　銀河とは私たちの天の川銀河のような棒渦巻銀河やアンドロメダ銀河のような渦巻銀河を始めとした、さまざまな形状をした巨大な恒星の集合体です。星雲とはオリオン大星雲やかに星雲のような濃いガスや星間物質が集まっているところが、近くの明るい星の光を浴びて雲のように輝いているものです。星団とは、プレアデス星団や球状星団のように多くの恒星が密集して存在している星の集団のことです。

　メシエカタログの番号は現在も使われていますが、銀河などの天体は非常に多く発見されていますから、NGCカタログ(New General Catalogue)という新しいカタログが作られています。これの元になっているのが、ジョン・ハーシェル(1792－1871、ウィリアム・ハーシェルの息子)が1864年にまとめた5079個の天体です。1888年にデンマーク生まれのイギリス人天文学者ジョン・ドライヤー (1852－1926)がNGCカタログとしてまとめあげました。NGCカタログも現在用いられていて、何度も改訂・追加され、現在は、1万4000個ほどの銀河・星雲・星団が掲載されています。

　私たちが住んでいる天の川銀河の姿は変光星(見かけの明るさが時間とともに変化する恒星)を利用して星までの距離を正確に測ることができるようになってから、形が明瞭にわかるようになりました。1918年、アメリカの天文学者ハーロー・シャプリー (1885－1972)は、銀河の大きさや太陽の位置、銀河を取り囲むように存在

している球状星団の位置を明らかにしました。変光星を利用してどのようにして天体までの距離を測るのでしょうか。

● 星までの距離を測る

距離を測ることができる変光星は、セファイド変光星（ケフェイド変光星ともいう）と呼ばれ、この変光星は変光周期と絶対等級（天体を10パーセク＝約32.6光年の距離に置いたときの明るさ）の間に関連性があるので、絶対等級と見かけの等級の差から距離を求めることができます。シャプリーが球状星団までの距離を測ったときに使ったのは、セファイド変光星ではなく、同じような特性を持つこと座RR型と呼ばれる変光星でした。

セファイド変光星の変光周期と明るさの関係を発見したのはヘンリエッタ・スワン・リービット（1868－1921）で1912年のことです。

星の変光周期と絶対等級の関係を周期光度関係と呼び、セファイド変光星は銀河系外銀河の距離を測るために利用され、宇宙の全体構造に対する理解が進んでいきました。1923年、アメリカの天文学者エドウィン・ハッブル（1889－1953）は、アンドロメダ銀河にあるセファイド変光星を観測し、アンドロメダ銀河までの距離を約90万光年としました。その後の観測の結果、現在は230万光年ほどであることがわかっています。

いずれにしろ、宇宙は太陽系の範囲にとどまらず、太陽を始めとする数千億の星を含む直径10万光年の天の川銀河があり、さらに、近くてもアンドロメダ銀河のように数百万光年の位置に隣の銀河があり、それがたくさん集まって宇宙ができていることがわかっています。なお、天の川銀河に一番近い銀河は、私たちの銀河の伴星雲

とされる大マゼラン雲（距離16万光年）と小マゼラン雲（距離20万光年）です。19世紀の終わり頃までは、太陽系の新しい惑星が発見されたことに胸を躍らせていた人類の宇宙に関する理解は、20世紀に入って、大きくジャンプしたといえます。

20世紀から21世紀にかけて、人類の知る宇宙はさらに大きくなっていきます。膨張宇宙の発見から始まる、この先の宇宙の全体構造については別の項で解説します。

2-7

⚡ 元素の発見

—— ラボアジェ、ドルトン

● 物質の根源は何か？

　物質の根源は何か？　この疑問については古代ギリシャの時代から考えられていました。アリストテレスは、物質は、土・火・空気・水の四元素からできていると考えました。まさに焼き物のような世界観です。それではいったい、この四元素は何でできていると考えたのでしょうか。

　アリストテレスの説に対抗したのがデモクリトス（前460頃－前370頃）の「原子論」です。物質はみな原子という小さな粒子でできていて、この原子がさまざまに結合することで、いろんな物質が生まれるという考え方です。また原子が存在し運動する場所をケノンと呼びました。空虚の空間という意味です。アリストテレスもデモクリトスも、哲学者でもありますから、考えただけでたどり着いた説でしたが、原子論の方は現在の考え方と同じです。

　しかし、当時はアリストテレスの四元素説の方が支持されていました。当時の人には、そちらの方がわかりやすかったのでしょう。

図 2-7-1● 四元素説と原子論

アリストテレス

四元素説

| 土 | 火 |
| 空気 | 水 |

デモクリトス

原子論

物質はみな
それ以上は分割できない
小さな粒子からできている

デモクリトスの原子論が再びよみがえったともいえるのが、17世紀のロバート・ボイル（1627－1691）の考え方です。彼は「ボイルの法則」の発見者として知られていますが、化学に元素の概念を導入したことでも知られています。ボイルは、古代ギリシャの哲学者のように元素は思念によって想像するものではなく、実験によって確かめるべきで、必ず何か基本になる物質があるはずだと考えました。これは、アリストテレスから始まって、後に錬金術のような非科学的な要素を含む考え方に対抗したものでした。

● ラボアジェの発見

1774年、フランスの化学者アントワーヌ・ラボアジェ（1743－1794）が、「質量保存の法則」を発見しました。化学反応の前と後で物質の見かけの形が変わっても総質量は変わらないという法則です。1773年頃、ラボアジェは金属を燃焼させて、燃焼前と燃焼後の重さを精密に調べてみました。すると、燃焼後の方がわずかに重

くなっていました。燃焼の過程で酸素を取り込んだためです。当時の常識では物が燃えると燃素（フロギストン）と呼ばれる仮想の物質が物質から逃げ出すため、軽くなると考えられていました。ラボアジェは、フロギストン説という古い化学の定説をぶち破り、元素の存在を示唆したのでした。

実はラボアジェと同時代のイギリスの化学者ジョセフ・プリーストリー（1733－1804）も水銀を燃やす実験で、燃焼後に総質量が増えていることを確認していました。これは、燃焼に空気中のある物質が使われたからだと考えました。彼が実験を行なった1774年は酸素の発見の年とされています。ちなみに酸素と名づけたのもラボアジェで、酸（オキシ）を生じる（ジェン）ものという意味で名づけたといわれています。

当時、ラボアジェ、プリーストリーの他、スウェーデンの化学者カール・ヴィルヘルム・シェーレ（1742－1786）などがほぼ同時期に酸素を発見しているので、発見者が誰であるかは諸説あるようです。

1799年、ジョセフ・プルースト（1754－1826）は、「定比例の法則」を発見。どのような質量割合で混ぜて反応させても、生成物の成分である元素の質量比は同じであることを発見しました。さらに、1803年にはドルトンが「倍数比例の法則」を発見。2種類の元素が反応を起こしたとき、生成された化合物は倍数で増えるというものです。例えば炭素に酸素が結合して一酸化炭素ができるときの酸素の原子の数に対して、二酸化炭素では2倍になっています。

この定比例の法則、倍数比例の法則の発見によって、元素と元素は一定の法則性を持って結合することがわかり、元素というものの

存在が化学の世界で現実味を帯びてくるのです。

　このように18世紀後半には、物質はなんらかの粒子が結合したり離れたりして燃焼などの化学反応が起こっているのではないかという考え方が進んでいきました。

● ドルトンの原子説

　この流れを受けて1808年、イギリスの化学者ジョン・ドルトン（1766－1844）は『化学哲学の新体系』という書物を著して「原子説」をとなえ、現在のような原子の存在を明確に示しました。ドルトンは、また独自の元素記号を作成し、原子が何個か組み合わさって分子になることを示しました。

　現在、元素は118個ほど発見されています。113番目の元素は2003年に日本の理化学研究所の物理学者が発見したニホニウム（元素記号Nh）で、2016年に正式に元素として認められました。現在も、115番目以降の候補が控えているという状況です。というのも、自然界に存在している元素は原子番号（原子核の中の陽子の数）92のウランまでで、その次の原子番号93のネプツニウム、94のプルトニウムは、わずかに自然界に存在するものの、それ以降の原子番号の元素は、加速器を用いて人工的に作られたものなのです。しかも寿命はわずか数ミリ秒だったりします。ニホニウムの寿命は2ミリ秒です。ニホニウムは加速器で亜鉛とビスマスの原子核をぶつけて作られました。亜鉛（元素記号Zn）の原子番号は30、ビスマス（元素記号Bi）は83なので、運よく融合すると2つの原子核の陽子の数を足し合わせた原子番号113の物質ができあがるというわけです。衝突実験は何百兆回も行なわれましたがうまく融合したのは

ごくわずかでした。まさに力業といえるでしょう。

　自然界に存在しない元素を作り出すということは科学者の好奇心を満たしてくれるものの、わずかな時間しか存在しない元素は何かの役に立つのか、膨大なコストのかかる加速器に国家予算をかけすぎではないか、という批判も出てきますが、これに負けずに信じた道に挑み続けるのが科学者といえるかもしれません。

図 2-7-2 ● 現在の元素周期表

族	1	2	3	4	5	6	7	8	9	10	11	12	13	14	15	16	17	18
周期1	1H 水素 1.008																	2He ヘリウム 4.003
2	3Li リチウム 6.941	4Be ベリリウム 9.012											5B ホウ素 10.81	6C 炭素 12.01	7N 窒素 14.01	8O 酸素 16.00	9F フッ素 19.00	10Ne ネオン 20.18
3	11Na ナトリウム 22.99	12Mg マグネシウム 24.31											13Al アルミニウム 26.98	14Si ケイ素 28.09	15P リン 30.97	16S 硫黄 32.07	17Cl 塩素 35.45	18Ar アルゴン 39.95
4	19K カリウム 39.10	20Ca カルシウム 40.08	21Sc スカンジウム 44.96	22Ti チタン 47.87	23V バナジウム 50.94	24Cr クロム 52.00	25Mn マンガン 54.94	26Fe 鉄 55.85	27Co コバルト 58.93	28Ni ニッケル 58.69	29Cu 銅 63.55	30Zn 亜鉛 65.38	31Ga ガリウム 69.72	32Ge ゲルマニウム 72.63	33As ヒ素 74.92	34Se セレン 78.97	35Br 臭素 79.90	36Kr クリプトン 83.80
5	37Rb ルビジウム 85.47	38Sr ストロンチウム 87.62	39Y イットリウム 88.91	40Zr ジルコニウム 91.22	41Nb ニオブ 92.91	42Mo モリブデン 95.95	43Tc テクネチウム (99)	44Ru ルテニウム 101.1	45Rh ロジウム 102.9	46Pd パラジウム 106.4	47Ag 銀 107.9	48Cd カドミウム 112.4	49In インジウム 114.8	50Sn スズ 118.7	51Sb アンチモン 121.8	52Te テルル 127.6	53I ヨウ素 126.9	54Xe キセノン 131.3
6	55Cs セシウム 132.9	56Ba バリウム 137.3	57-71 ランタノイド	72Hf ハフニウム 178.5	73Ta タンタル 180.9	74W タングステン 183.8	75Re レニウム 186.2	76Os オスミウム 190.2	77Ir イリジウム 192.2	78Pt 白金 195.1	79Au 金 197.0	80Hg 水銀 200.6	81Tl タリウム 204.4	82Pb 鉛 207.2	83Bi ビスマス 209.0	84Po ポロニウム (210)	85At アスタチン (210)	86Rn ラドン (222)
7	87Fr フランシウム (223)	88Ra ラジウム (226)	89-103 アクチノイド	104Rf ラザホージウム (267)	105Db ドブニウム (268)	106Sg シーボーギウム (271)	107Bh ボーリウム (272)	108Hs ハッシウム (277)	109Mt マイトネリウム (276)	110Ds ダームスタチウム (281)	111Rg レントゲニウム (280)	112Cn コペルニシウム (285)	113Nh ニホニウム (278)	114Fl フレロビウム (289)	115Mc モスコビウム (289)	116Lv リバモリウム (293)	117Ts テネシン (293)	118Og オガネソン (294)

元素記号
原子番号／元素名 ← 1H 水素 1.008
原子量

常温（25℃）、1013hPa での単体の状態
単体は気体　単体は液体　単体は固体（102番以降の形状は不明）

ランタノイド	57La ランタン 138.9	58Ce セリウム 140.1	59Pr プラセオジム 140.9	60Nd ネオジム 144.2	61Pm プロメチウム (145)	62Sm サマリウム 150.4	63Eu ユウロピウム 152.0	64Gd ガドリニウム 157.3	65Tb テルビウム 158.9	66Dy ジスプロシウム 162.5	67Ho ホルミウム 164.9	68Er エルビウム 167.3	69Tm ツリウム 168.9	70Yb イッテルビウム 173.0	71Lu ルテチウム 175.0
アクチノイド	89Ac アクチニウム (227)	90Th トリウム 232.0	91Pa プロトアクチニウム 231.0	92U ウラン 238.0	93Np ネプツニウム (237)	94Pu プルトニウム (239)	95Am アメリシウム (243)	96Cm キュリウム (247)	97Bk バークリウム (247)	98Cf カリホルニウム (252)	99Es アインスタイニウム (252)	100Fm フェルミウム (257)	101Md メンデレビウム (258)	102No ノーベリウム (259)	103Lr ローレンシウム (262)

2-8
電気通信・無線通信・電話の発明

—— モールス、マルコーニ、ベル

● モールス信号の発明

「トントン、ツーツー」というモールス信号の音は、趣味のアマチュア無線を除いて今はほとんど聞く機会がなくなりました。

モールス信号とは、短音と長音の組み合わせで文字や数字を表すモールス符号を使って行なう通信方式のことです。Aは「・—」、Bは「—・・・」、Cは「—・—・」で、アルファベット26文字・数字・記号に、それぞれ符号が割り当てられています。

モールス信号の符号は、アメリカの電気技師サミュエル・モールス（1791－1872）が発明したもので、1837年に初めての通信実験を行ない、1844年にはワシントン－ボルチモア間に電信線を引き、史上初の有線による実用的な電気通信に成功しました。

モールス通信は、送信側の電鍵（電流のオンオフをする装置）を押して、電流を流したり切ったりして行ないます。最初は受信側に電流が伝わると電磁石が作用して記録用の針が動き、それが描く長さからモールス符号を識別していました。

図 2-8-1●モールス通信で使われた電鍵

　その後、音に変換され、トン、ツーという短音と長音の組み合わせで使用されるようになり、現在に至っています。また日本には独自の和文モールス符号があり、戦前・戦中には広く使われていました。

　1850年頃から世界を有線通信で結ぶ海底ケーブルが敷設され始めました。1854年には、二度目の来日をしたペリー提督が将軍に有線式通信機を贈り、実演してみせたといいます。

　離れたところで送信された信号を目の前の機械が受信するようすを見て、当時の日本人はさぞ驚いたことでしょう。それが刺激になってか、1869（明治2）年には日本で初めての電信線が横浜に設置されました。情報をいち早く遠方に伝えることができる電信はその後急速に拡がっていきました。明治に入り、新しい科学技術によって社会は急速に変わっていったのです。

● 無線通信の始まり

　有線による通信では、通信相手のところまで電線を引かなくてはなりません。そこで、無線による通信が試みられるようになりました。

初めて電磁波を発見したのは、ドイツの物理学者ハインリッヒ・ヘルツ（1857−1894）です。1888年、ヘルツは有名な「ヘルツの実験」を行ないました。誘導コイルを利用した送信機で火花放電を実行すると、受信側の共振器の間隙にも火花が生じることを確認しました。さらに、発生した電波は金属面で反射したり光のように屈折したり干渉したりすることも確認しました。こうして電波は光と同じ性質を持つ電磁波の一種であることがわかったのです。

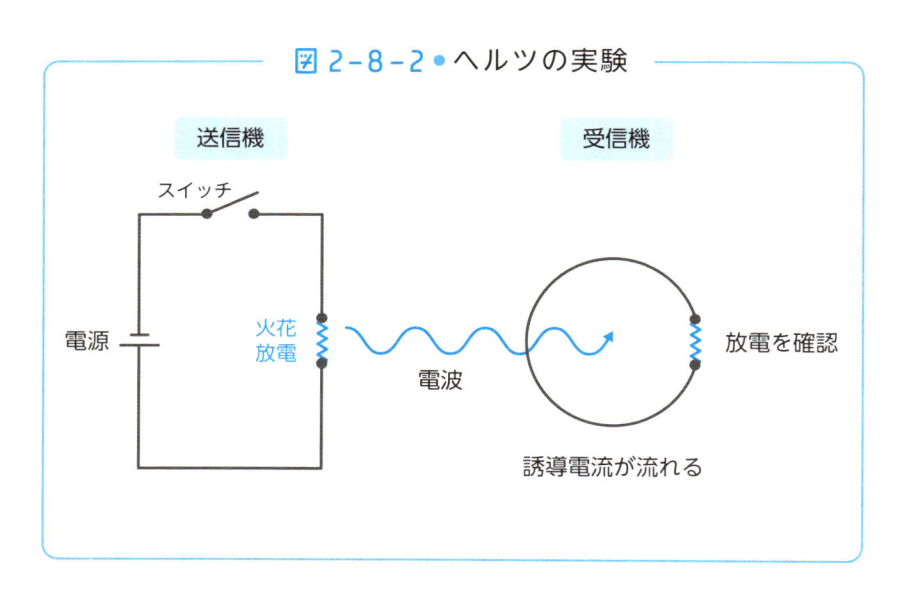

図 2−8−2 ● ヘルツの実験

火花放電は自然界では雷などに見られるもので、雷が鳴っているときは、AMラジオの周波数帯にノイズが入ることからもわかるように電波が放射されています。

ヘルツの実験の24年前の1864年には、イギリスの物理学者ジェームズ・クラーク・マクスウェルが電磁波の存在を理論的に証明したマクスウェル方程式を発表しています。その方程式は、電波の存在を予見するだけでなく、光が電磁波の仲間であることをも証

明する偉大な功績でした。ヘルツは、このマクスウェルの予言を実験によって証明したといえます。

　電波を使った無線通信を最初に行なったのは、イタリア人科学者グリエルモ・マルコーニ(1874－1937)です。1896年、マルコーニはヘルツの火花放電で電磁波を発生させる実験に興味を持ち、自ら火花式の送信機と受信機を製作して、史上初の無線通信の実験を行ないました。1899年には英仏海峡を横断して、さらに1901年には大西洋横断の無線通信に成功。有線から無線による通信へと歴史的なシフトを実現しました。有線通信では通信相手まで電線を引くことが必要ですが、無線ならその手間とコストが省けます。1909年、マルコーニはこの業績でノーベル物理学賞を受賞しました。

図 2-8-3 ● マルコーニの無線通信機

©Museo Marconi, Collezione Bigazzi

　長距離で通信ができる無線通信は、船舶の救難無線として1900年頃から大型船に搭載されるようになっていきました。映画でもおなじみのタイタニック号の遭難(1912年)時には、無線による救難

信号が発せられました。

● 電波に音声を乗せる

　無線通信は最初はモールス信号のみでしたが、1900年には電波に音声を乗せて送る技術が開発され、現在の無線機と同じような機能を持つようになりました。

　音声通話といえば、電話の発明も画期的な出来事です。電話はアレクサンダー・グラハム・ベル(1847-1922)が1876年に発明したといわれていますが、その前後に何人もの科学者や発明家が音声による電話を開発していました。最初に電話を作ったのはイタリアの科学者アントニオ・メウッチ(1808-1889)で1854年とされています。1876年にはトーマス・エジソンも電話を発明していました。しかし、メウッチもエジソンも特許を取る際に不手際があって第一発明者にはなれませんでした。

　19世紀後半はすでに科学技術分野の研究開発が素晴らしい勢いで進展を始め社会に役立てるものを作れるようになっていきました。そしてその技術は大きなビジネスにつながっていくため、「特許」は欠かせないものになっていったのです。

　電波に音声を乗せる技術が開発されると、これを通信だけでなく放送にも利用しようという動きが出てきました。ラジオ放送を本格的に始めたのは、1920年、アメリカのKDKA局です。日本でもアメリカの後を追うように、1925（大正14)年、逓信省電気試験所(東京芝浦)の仮放送所から最初のラジオ放送の電波が送信されました。愛宕山から本放送が始まったのは、その4か月後のことです。

　ラジオ放送は、情報を大衆に届けるメディアとして絶大な力を発

電気通信・無線通信・電話の発明

挥しました。マスメディアの登場でもあります。その後マスメディアによって、社会の構造が大きく変わっていきました。

モールス符号（欧文）

文字	モールス符号
A	・ ―
B	― ・ ・ ・
C	― ・ ― ・
D	― ・ ・
E	・
F	・ ・ ― ・
G	― ― ・
H	・ ・ ・ ・
I	・ ・
J	・ ― ― ―
K	― ・ ―
L	・ ― ・ ・
M	― ―

文字	モールス符号
N	― ・
O	― ― ―
P	・ ― ― ・
Q	― ― ・ ―
R	・ ― ・
S	・ ・ ・
T	―
U	・ ・ ―
V	・ ・ ・ ―
W	・ ― ―
X	― ・ ・ ―
Y	― ・ ― ―
Z	― ― ・ ・

数字	モールス符号
1	・ ― ― ― ―
2	・ ・ ― ― ―
3	・ ・ ・ ― ―
4	・ ・ ・ ・ ―
5	・ ・ ・ ・ ・
6	― ・ ・ ・ ・
7	― ― ・ ・ ・
8	― ― ― ・ ・
9	― ― ― ― ・
0	― ― ― ― ―

（総務省 無線局運用規則、別表第一号　モールス符号より）

熱エネルギーの概念の確立

── ジュール

● ジュールとエネルギー

　エネルギーという言葉を、私たちは日常的に耳にしています。化石エネルギーとか再生可能エネルギーという言葉をよく使います。物理学では運動エネルギーや熱エネルギーなどという言葉が使われます。一般にエネルギーとは、活動する源となる「力」のことです。現在使われているエネルギーという言葉の概念は、19世紀後半に登場しました。ここでは、エネルギーの概念を初めて定量的に提示したジュールについて述べます。

　イギリスの物理学者ジェームズ・ジュール（1818－1889）は、運動と熱の関係を調べて、近代的なエネルギーの概念を打ち立てました。

　ジュールは仕事（力学的仕事、つまり運動量）と熱量を結びつけ、近代的なエネルギーの概念を明確にし、1845年に「ジュールの実験」と呼ばれる科学史に残る有名な実験を行ないました。

　これに先立つ1843年、ジュールは、電流を流した電線で水の温度がどれだけ上がるかを調べていましたが、1845年からは容器の中の水を羽根車でかき回すという直接的な実験に切り替えました。

最初に電気抵抗による発熱を調べたのは当時使われ始めていた電気モーターのエネルギー効率を調べるためでした。前にも述べたように史上初めて電気モーターの原理を提示したのは1821年のマイケル・ファラデーといわれています（諸説あり）。

電流を使った実験でジュールは、「導線に電流を流したときに発生する熱の大きさは、導線の抵抗と電流の2乗の積に比例する」というジュールの法則を発見しました。このときに発生する熱をジュール熱といいます。このような実験を繰り返し、ジュールは水の温度を1℃上げるのに必要な熱量は4.19ジュール（J）であることを発見しました。水の温度を1℃上げるのに必要なカロリー（cal）は1カロリーですから、1 cal ＝ 4.19J です。

ジュールは実験によって熱と仕事は同じものであることを示したのです。現在、ジュール（J）は、エネルギーのSI単位として使われており、1 J ＝ 1 N・m と定義されています。1ジュールとは物体に1ニュートンの力が働いたとき、力の方向に1メートル動くときの仕事量ということです。感覚的に1ニュートンの力がどれくらいかというと、1 kgf ＝ 9.8Nですから（kgfはキログラム重、いわゆる重さのこと）、地球の地面の上で約100グラムの物体を手のひらに載せたときに手にかかる力の大きさということになります。

ジュールによって熱と仕事が等価であることが証明されたことで、ある系の持つエネルギーの総量（内部エネルギー）は熱と仕事の和となるので、エネルギー保存則（熱力学第1法則）も証明されたということになります。

2-10

物質の成分を解析する スペクトル解析法の登場

── ブンゼン、キルヒホフ

● 分光分析法の発明

19世紀後半、元素の分光分析法が発明されました。ドイツの化学者ロベルト・ブンゼン（1811－1899）は、同じくドイツの化学者グスタフ・キルヒホフ（1824－1887）とともに分光分析法を発見し、ルビジウムやセシウムなどの元素を発見しました。ブンゼンはブンゼンバーナーの発明（1855年）でも知られています。これは、石炭のガスなどを燃やして高温を得る装置です。またキルヒホフの方は、電気回路に関する「キルヒホフの法則」でも知られています。

分光分析とは、光をプリズムなどで分解し、とり出されたスペクトルの中にある、輝線や暗線の位置から元素を特定する方法です。スペクトルは虹の7色に分かれて見えますが、詳しく観察すると、明るく輝いている線「輝線」と黒い線「暗線」が見えます。これがスペクトルのどの位置に見えるかは元素ごとに違います。そのため、この線の位置を解析すれば、光を発している物体の元素組成がわかるのです。

1814年に、フラウンホーファーは太陽のスペクトルにたくさんの暗線があるのを発見しており、これをフラウンホーファー線と名

づけています。これは太陽から出ている光が、太陽や地球の大気中にある特定の元素によって吸収されてできた暗線だったのです。

これが、原子をとり巻く電子の配置や構造の違いによるものであることを発見したのがキルヒホフとブンゼンでした。その後、この業績は原子核物理学や量子力学の進展に貢献します。

分光学の分野でもう一人忘れてはならないのが、イギリスの物理学者ヘンリー・モーズリー（1887−1915）です。彼はモーズリーの法則を発見し、元素の原子番号と特性エックス線（元素固有の波長を持つ）の関係を明らかにしました。エックス線分光法はその後の物性物理学に大きな貢献をしましたが、残念ながらモーズリーは第一次世界大戦で戦死してしまいました。

分光分析は、可視光だけでなく、その周辺の電磁波でも行なえます。欧州宇宙機関（ESA）の木星の衛星ガニメデ、エウロパ、カリストなどに存在しているとされる水や生命の兆候の調査を目的とした JUICE 探査機（2023年4月打上げ、木星氷衛星探査計画）には、日本の NICT（情報通信研究機構）が開発したテラヘルツ波分光計が搭載されています。テラヘルツ波とは電波のなかで最も高い周波数帯の電波で、この帯域で分光分析を行なうことで、生命由来の元素が発見できるかもしれないと期待されています。

これもみな、ブンゼンやキルヒホフ、さらにさかのぼってフラウンホーファーらの研究があったからこそといえるでしょう。

科 学 技 術 の 歴 史

18世紀	1735年	ジョン・ハリスン、精密時計発明。
	1755年	カント、島宇宙銀河のイメージを提案。
	1774年	メシエカタログの作成開始。
	1781年	イギリスのハーシェル、天王星を発見。
	1785年	ハーシェル、観測を元に銀河の大まかな形を発見。
	1789年	ルイージ・ガルバーニ、カエルの脚を解剖し「動物電気」を発見。
	1796年	カント＝ラプラスの星雲説。
19世紀	1800年	ボルタがボルタ電池を発明。
	1831年	ファラデー、電磁誘導の法則を発見。電気技術の実用化。
	1836年	ダニエルがボルタ電池を改良し実用的なダニエル電池を発明。
	1837年	モールス、有線でモールス通信を行なう。
	1839年	ダゲール、写真技術を発明。
	1840年	ジュール、熱エネルギーの概念を提唱。
	1844年	モールス、電信機を発明（有線）。
	1844年	ワシントン－ボルチモア間で有線のモールス通信を開始。
	1846年	ガレ、海王星を発見。
	1850年	海底ケーブルの敷設始まる。
	1851年	ドイツのジーメンス、交流発電機を製造。
	1854年	メウッチ、音声による電話機を発明。
	1864年	マクスウェル、電磁波を理論的に解明。
	1866年	ノーベル、ダイナマイトを製造。
	1866年	ルクランシェが乾電池を発明。取り扱いが容易になる。
	1879年	エジソン、実用的な白熱電球発明。
	1882年	エジソン、直流式発電所を建設。
	1886年	米ウェスティングハウス、交流送電開始。

19世紀	1388年	ヘルツが電磁波を発見。
	1395年	マルコーニ、初めての無線通信機を発明。
	1399年	マルコーニ、英仏海峡を越えての無線通信に成功。
20世紀	1901年	マルコーニ、大西洋を横断する長距離無線通信に成功。
	1908年	セファイド変光星を利用した距離測定の技術が登場。
	1912年	タイタニック号事故、無線通信でSOSを発信。
	1912年	日本で初めて無線通信で音声を送ることに成功。
	1924年	ハッブル、アンドロメダ銀河までの距離を90光年と算出。
	1930年	トンボー、冥王星を発見。

世 界 の 出 来 事

18世紀	1751年	フランスで百科全書の刊行開始。啓蒙思想が普及。
	1753年	大英博物館設立。
	1760年頃	イギリスで産業革命始まる。
	1775年	アメリカで独立戦争始まる。
	1776年	アダム・スミス『国富論』発行。自由主義経済の概念提示。
	1789年	フランス革命起こる。
	1799年	フランスでメートル法施行。
19世紀	1840年	アヘン戦争始まる。
	1851年	ロンドンで最初の万国博覧会が開催。
	1855年	パリで万国博覧会開催。
	1861年	アメリカで南北戦争始まる。
	1862年	ロンドン万国博覧会。日本の遣欧使節が訪問。
	1867年	パリで万国博覧会開催。日本初参加。渋沢栄一・徳川昭武。
	1869年	スエズ運河完成。
	1889年	パリで第4回万国博覧会、エッフェル塔建設。
	1920年	アメリカでラジオ放送開始。

日 本 の 出 来 事

18世紀	1776年	平賀源内が破損していたエレキテルを修復。
19世紀	1853年	ペリー、浦賀来航。
	1854年	ペリーが有線式通信機を幕府に進呈。
	1868年	明治維新。
	1877年	1月、西南戦争起こる。
	1877年	4月、東京大学創設。
	1877年	8月、第1回内国勧業博覧会開催、殖産興業の推進。
	1878年	虎ノ門の工部大学校でアーク灯がともる。
	1882年	銀座の街路灯としてアーク灯がともる。
	1885年	日本で屋井先蔵が乾電池製造を開始。
	1887年	東京電灯、直流式火力発電所建設。
	1889年	大阪電灯、交流式発電所建設。
	1890年	東京電気株式会社（現東芝）の藤岡市助、日本初の白熱電球製造。
	1891年	日本初の水力発電所が京都蹴上に建設。
	1894年	日清戦争。
	1895年	東京電灯、50ヘルツで本格的な交流発電開始。
	1897年	大阪電灯、60ヘルツで本格的な交流発電開始。
20世紀	1904年	日露戦争。
	1923年	関東大震災。
	1925年	日本でラジオ放送開始。
	1932年	五・一五事件。
	1936年	二・二六事件。

第3章

近代から現代へ

―― 19 世紀

元素の周期の発見

―― ニューランズ、メンデレーエフ

● 元素と原子は同じもの

　物質の根源を巡る旅は古代ギリシャの時代から始まりました。アリストテレスの四元素説(土・火・空気・水)やデモクリトスの原子論が提示されましたが、科学的な根拠のあるものではありませんでした。18世紀になってようやく、ラボアジェやドルトンが、物質について科学的に考えるようになりました。

　1869年には、ロシアの化学者ドミトリー・メンデレーエフ(1834-1907)が元素の周期律を発表し、一定の周期で同じ性質を持った元素が繰り返し現れることに気がつきました。表にしてみると空欄がありましたが、当時まだ発見されていなかった元素がそこに見つかったため、メンデレーエフの名は世界にとどろきました。

　ここで、ちょっと疑問なのは、原子と元素という言葉の違いです。原子は最小の粒子と考えられるもので、これが組み合わさっていろいろな化学物質ができます。一方元素は、同位体を含む同じ原子の種類を指す言葉です。例えば、水素にはデューテリウム(重水素)とトリチウム(三重水素)という同位体があります。同位体とは、原子核に中性子が余計についたもので、普通の水素原子は1個の陽子

の周りに1個の電子がありますが、デューテリウムは水素の原子核に中性子が1個余計についたものであり、トリチウムは中性子が2個余分についたものです。陽子は1個のままですから性質は変わりませんが、質量が大きくなっています。

　ただ実際には、元素と原子という言葉はほとんど同じ意味で使われています。原子核物理学や素粒子物理学など物理学の世界では、原子という言葉が使われることが多いと思います。元素という言葉は、主に化学の分野で発達してきた言葉です。化学の歴史は長いので今でも元素という言葉が使われているのでしょう。ちなみに英語では、元素はelement、原子はatomです。素粒子はelementary particle。

● オクターブの法則から始まった

　さて、話はメンデレーエフに戻ります。メンデレーエフが周期表を発表する5年前の1864年、イギリスの化学者ジョン・ニューランズ(1837−1898)がオクターブの法則を発表しました。オクターブとはまさに音楽のオクターブにあたり、音の周波数が8音階上がると2倍になるという規則性を持った音階のことで、元素を原子量の順に並べると、8個ごとに同じような性質が現れるというものです。メンデレーエフは、この考えをより深く研究し1869年に論文を発表しました。

　それによれば、当時知られていた63種類ほどの元素を、質量(正確には原子量)の軽いものから順番に並べると、空欄がいくつかできました。メンデレーエフは、そこに入る可能性のある元素を予言しました。すると後に空欄に当てはまる、ガリウム(1875年)、ス

図 3-1-1 ● メンデレーエフの作成した周期表と 3つの新元素

周期	1	2	3	4	5	6	7	8
1								
2		Be	R	C	N	O	F	
3		Mg	Al	Si	P	S	Cl	
4	Ca			Ti	V	Cr	Mn	Fe Co Ni Cu
5		Zn			As	Se	Br	
6	Sr		Yt?	Zr	Nb	Mo		Ru Rn Pd Ag
7		Cd	In	Sn	Sb	Te	I	
8	Ba		Di?	Ce?				
9								
10			Er?	La?	Ta	W		Os Ir Pt Au
11		Hg	Tl	Pb	Bi			
12				Th		U		

スカンジウム (Sc)　　ガリウム (Ga)　　ゲルマニウム (Ge)

出典：岩波書店『科学の事典』を参考に加筆

カンジウム（1879年）、ゲルマニウム（1886年）という新元素が発見されました。

　元素の性質が規則的に変化するのは、元素の価電子の数が周期的に変化するためです。価電子というのは、原子核の周りにある電子の一番外側の軌道にある電子のことで、他の原子と化学的に結合するときに重要な働きをします。ヘリウムやネオンなど、一番外側の軌道（最外殻）が、入ることができる個数の電子で満たされているときは、化学的に安定した原子となり、他の原子とは結びつきにくくなります。

電子軌道は原子核に近い方からＫ殻・Ｌ殻・Ｍ殻・Ｎ殻と続き、それぞれ、最大 2・8・18・32の電子が入ることができます。実際の電子は、太陽系のように太陽の周りを惑星が平面軌道を回っているのではなく、原子核の周りを雲のように球状に包み込んでいますから殻と呼んでいます。タマネギの皮のように電子が原子核を包み込んでいるイメージです。電子はさらにｓ軌道・ｐ軌道という軌道要素を持ちますので、かなり複雑です。これもつまるところ電子は1 個の粒子ではなく原子核の周囲に雲のように存在している量子力学的な粒子であるからです。

メンデレーエフの周期律・周期表の発見によって、新しい元素がいくつも発見されていきました。しかし彼が活躍した19世紀半ばという時代は、原子がどういうものかまったくわかっていませんでした。

● 電子の発見と原子モデルの提案

電子を発見したのはイギリスの物理学者ジョセフ・ジョン・トムソン（以下Ｊ・Ｊ・トムソン）（1856−1940）で1897年のことです。世界中の研究者たちが、原子の形がどうなっているかを模索し始めたのはこの後で、1903年には日本の物理学者長岡半太郎（1865−1950）が土星型原子モデルを提示。同じく1903年にはＪ・Ｊ・トムソン、1911年にはイギリスの物理学者アーネスト・ラザフォード（1871−1937）、1913年にはデンマークの物理学者で量子力学の先駆者の一人ニールス・ボーア（1885−1962）が原子モデルを提案しています。原子モデルとは、原子の形や性質を図示したもので、提案した科学者ごとにやや異なったイメージのモデルとなってい

した。

　トムソンの原子モデルはプラスの電気を持った球の中に、マイナスの電気を持った小さな粒（電子）が散らばっているといったイメージです。レーズンパンのような姿なので「レーズンパン・モデル」と呼ばれました。

　長岡半太郎の土星型原子モデルは、中心にある大きな原子核の周りを、土星の環のように同じ軌道上をいくつもの電子が連なって動いているというものでした。レーズンパン・モデルよりは実際の原子の姿に近いのですが、このモデルでは電子が原子核の周りを回転しながら電磁波を放出してエネルギーを失い原子核と合体してしまうという欠点がありました。

　ラザフォードの原子モデルは、原子核はもっとずっと小さくて、そこに質量とプラスの電気が集中していて、その周りに雲のように電子が漂って回転しているというもので、現在考えられている原子モデルに近いものでした。

　ボーアのモデルは電子軌道を想定したもので、外部からエネルギーを得て上の軌道に上った電子（励起されたという）は、すぐにエネルギーを放出して元の軌道の基底状態に戻るというものです。ボーアの原子モデルは量子力学的なものでその後の量子力学の発展に貢献しました。

　原子核は陽子と中性子（水素は除く）でできていますが、陽子は1919年にラザフォードが発見し、中性子は1932年にイギリスの物理学者ジェームズ・チャドウィック（1891－1974）が発見しています。

　メンデレーエフの元素の周期律の発見は、その後の原子核物理学

の進歩に大きく寄与していきました。

図 3-1-2 ● トムソン、長岡半太郎、ラザフォード、ボーア　それぞれの原子モデル

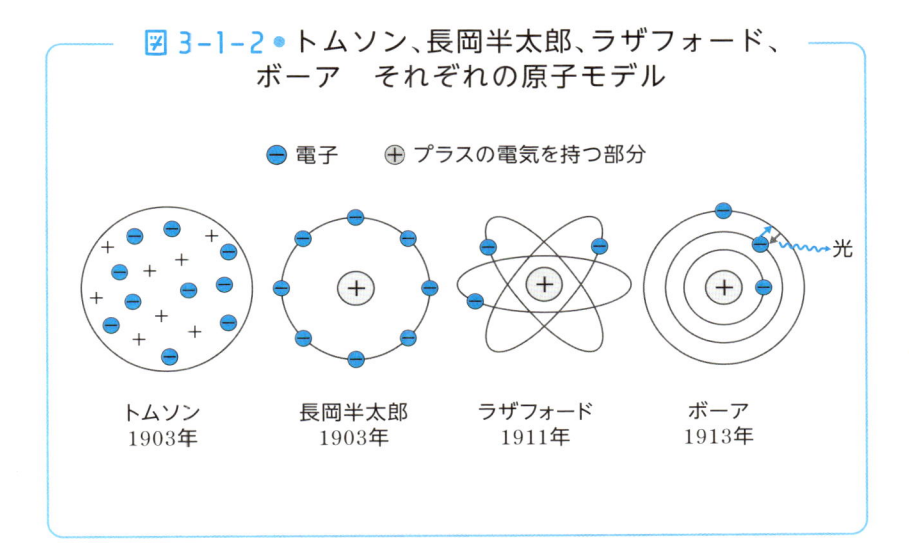

電子　⊕ プラスの電気を持つ部分

トムソン
1903年

長岡半太郎
1903年

ラザフォード
1911年

ボーア
1913年

光

電磁波の発見

── マクスウェル、ヘルツ

● 日常的に使っている電波とは？

　私たちはスマートフォンやWi−Fiなど、電波を利用したデバイスを日常的に使っています。テレビやラジオの放送も電波を使用しています。目に見えず触ることもできない電波ですが、その正体は何なのでしょうか。

　電波とは電磁波の一つの帯域を表す言葉です。電波法によれば、周波数が3000GHz（ギガヘルツ）以下の周波数の電磁波を電波といいます。電波は電磁波のうち、主に無線通信に使われます。3000GHzよりもさらに高い周波数（短い波長）の電磁波は、テラヘ

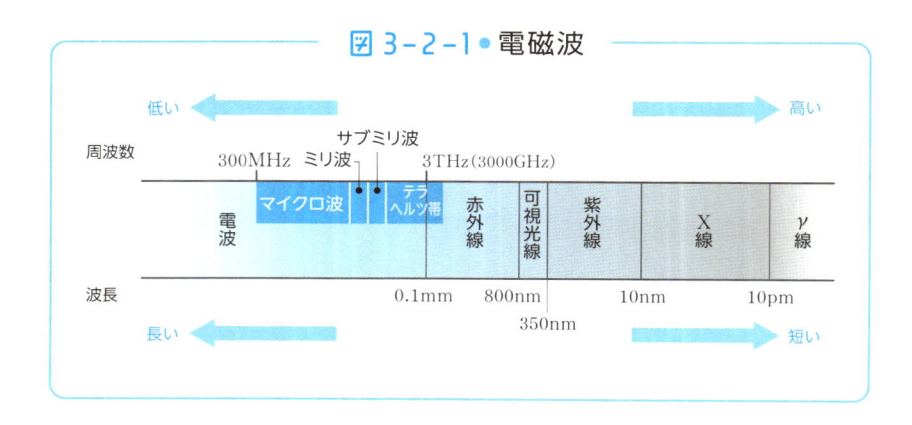

図 3−2−1 ● 電磁波

ルツ帯と呼ばれ、さらに高い周波数になると赤外線になり、続いて可視光になります。その先は紫外線・エックス線・ガンマ線と続きます。

● 電波の発見

電波はいつ発見されたのでしょうか。1820年にデンマークの物理学者ハンス・エルステッドが、電流が導線を流れると周囲に磁場ができるという、電流の磁気作用を発見。1831年にはマイケル・ファラデーが電磁誘導（131ページ参照）を発見しています。この頃から電流の近くには人間の目には見えない力が空間を伝わっていることを理解したことでしょう。

それが何であるかを解明したのが、マクスウェル（132ページ参照）でした。彼は、電磁波は電場と磁場が直交しながら空間を進んでいく波で、電波も光もみな同じ原理で進む電磁波であることをマクスウェル方程式で証明したのです。

ヘルツはマクスウェルの発表を知ると、実際に電磁波を発生させて、空間を伝わって離れたところで受信できること、光と同じように反射や屈折をすることを確認し、電波の存在を証明しました。

ヘルツが使った通信機とはどういうものだったのでしょうか。送受信機は次のようなものでした（図2−8−2参照）。近接させて置いた2つの接点に誘導コイルで作り出した高電圧の電流を流し、その間で火花放電を起こすことで電磁波を発生させました。雷の放電が電波を出しているのと同じです。受信機はループコイルの先に、2つの接点をわずかに離して配置し、送信機から発射すると、受信機の接点の間で火花が飛ぶことを確認しました。受信機のループの

長さを変えることで、電波の波長に合わせて共振させることができます。当時はまだ周波数を決めて送信することができませんでしたが、ヘルツの実験で使用した電磁波の波長は60MHz（メガヘルツ）程度だったともいわれています。また、ヘルツはアンテナの向きを変え、電波の指向性(飛ぶ方向)や偏波(波の振動方向)の違いを確認しました。

● ラジオ放送の開始

　ヘルツが製作したシンプルな構造の送受信機では、現在のように変調を行なって音声を乗せるといったことはできませんでしたが、基本原理が発見されれば後は早いもので、あっという間に世界中で電波を使った音声通信の研究開発が進められるようになり、1900年にはカナダのレジナルド・フェッセンデン（1866－1932）が、音声による無線通信に成功しました。1906年には、同じくフェッセンデンが史上初のラジオ放送を行ないました。

　日本でNHKの前身にあたる東京放送局によってラジオ放送が始まったのは、フェッセンデンのラジオ放送の19年後の1925（大正14)年です。

図 3-2-2 ● 音声送信に使用されたオルタネーター送信機（1906年）

3-3

絶対零度の発見

—— ボイル、シャルル、リュサック、オンネス

● 絶対零度の発見者

　高温には限界がありませんが低温には限界があります。最も低い温度が絶対零度です。この温度は絶対温度ケルビンで表すと0K、摂氏ではマイナス273.15℃です。絶対零度は誰がどのようにして発見したのでしょうか。

　1787年、フランスの物理学者ジャック・シャルル（1746－1823）は、すべての気体は圧力一定という条件では温度が1℃変わるごとに体積が273分の1の割合で変化することを発見しました。これをシャルルの法則と呼びます。この現象はフランスの化学者ゲイ・リュサック（1778－1850）も1802年に発見しました。シャルルはリュサックよりも先にこの法則を発見していたのですが、発表が遅れたため、この法則はゲイ・リュサックの法則とも呼ばれます。ゲイ・リュサックの法則／シャルルの法則を定義すると、「圧力一定のとき、気体の体積は絶対温度に比例する」となります。

　横軸に温度、縦軸に体積をとったグラフにして見てみると、右上がりの直線になります。この線を左の方にたどっていくと、ある温度で体積が0になります。また体積一定という条件で見ると、同

じ温度で圧力が 0 となります。体積や圧力が 0 以下、つまりマイナスになることはありえませんので、このときの温度であるマイナス273℃が最低温度であると考えられました。

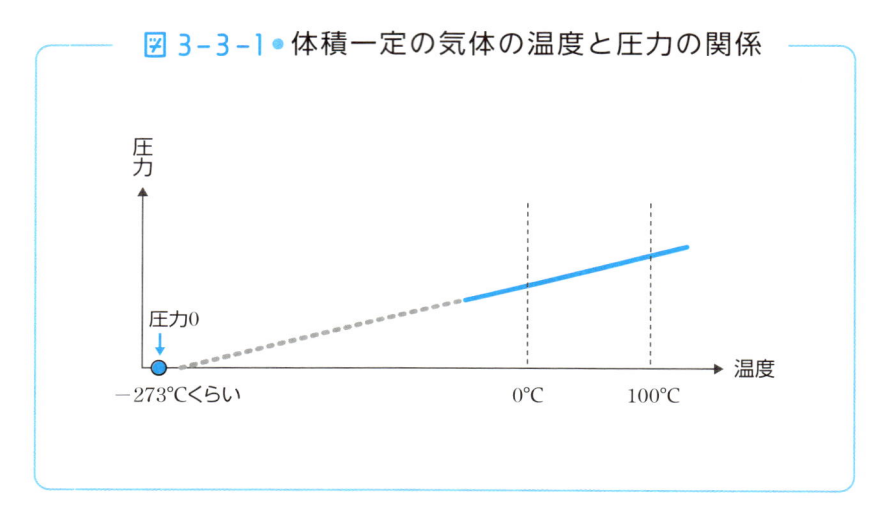

図 3−3−1 ● 体積一定の気体の温度と圧力の関係

気体の性質を表すものに、もう一つボイルの法則があります。シャルルの法則と並んで高校化学で勉強する法則です。これは、イギリスの物理学者ロバート・ボイル（1627−1691）が1662年に発見した法則で「温度一定であれば、気体の圧力は体積に反比例する」というものです。

ボイルの法則もシャルルの法則も気体の性質に関する法則なので、この 2 つをまとめて、ボイル・シャルルの法則が作られました。温度一定のときの気体の状態の変化を表したのがボイルの法則、圧力一定のときの気体の体積と温度の関係を表したのがシャルルの法則ですから、まとめると「気体の体積は圧力に反比例し、絶対温度に正比例する」となります。

なおボイル・シャルルの法則については、特に発明者はいません。

ボイルは実験の重要性を主張する科学者でした。1659年には、イギリスの物理学者ロバート・フックとともに、高性能な真空ポンプを開発し、空気の性質の研究に取り組みました。ボイルは真空ポンプを使って容器の中の空気を抜くと圧力が下がり、空気を入れると圧力が上がることに気づき、実験と観測を繰り返してボイルの法則を発見しました。

図3-3-2 ● ボイルの真空ポンプ

● 絶対零度と超電導

絶対零度が物質の最低温度ということがわかりましたが、これはどういう意味を持つのでしょうか。絶対零度とは分子の運動がゼロの状態です。熱は物質の分子が動き回るときのエネルギーによるもので、これを熱力学温度といいます。絶対零度になると分子の運動が止まってしまいますから、この温度近くにまで温度を下げると普段は見られないような現象が起こります。その一つが超電導です。これは、絶対零度近くの温度になると、超電導体（超電導を起こす化合物）の電気抵抗がゼロになる現象で、超電導体に流した電流はいつまでも流れ続けます。

この現象は1911年に、オランダの物理学者カマリン・オンネス（1853－1926）が発見しました。当時は超電導物質が知られていませんでしたから、水銀を使って実験しました。オンネスは1913年にノーベル物理学賞を受賞しています。

　また絶対零度近くになると、マイスナー効果といって超電導体の中を磁力線が通らなくなり、磁性体が空中に浮かんだままになるという現象が見られます。マイスナー効果は、1933年にドイツの物理学者ヴァルター・マイスナー（1882－1974）と同じくドイツの物理学者ローベルト・オクセンフェルト（1901－1933）によって発見されました。

図 3-3-3 ● 超電導物質の上に浮上する磁石

　超電導は現在、リニアモーターカー（超電導磁気浮上式鉄道）の超電導磁石として実用化されており、その他にも、医療機器のMRIや超電導送電などで実用化されています。研究が進んでいる核融合炉（磁気閉じ込めタイプ）の強力な磁場を作るための電磁石としても使われています。最近は、量子コンピュータが計算に影響を

与える熱ノイズを無くすために超電導技術を使っています。

　超電導は絶対零度に近い温度でも起こります。そこで、極低温に冷却するために、液体ヘリウム（4 K）や液体窒素（77K）が用いられています。

　また、超電導を起こす超電導体の研究も進んでおり、より高温で超電導が起これば冷却コストが下がるため、世界中で高温超電導材料の探求が進められています。高温超電導材料は液体窒素温度以上で超電導になるものをいいます。

　高温超電導が実現すれば低いコストでエネルギーを非常に効率よく使えるため、産業界からも熱い視線を浴びています。

　ちなみに、物理学の分野では超伝導、電気・電子工学関係では超電導と表記することが多いです。

情報記録技術の発明

―― エジソン

● 発明は工学の結晶

　発明とは何でしょうか。『広辞苑』には発明の定義として4つの項目が掲げられています。①物事の正しい道理を知り、明らかにすること。②新たに物事を考え出すこと。③機械・器具類、あるいは方法・技術などをはじめて考案すること。④かしこいこと。(出典:『広辞苑』)

　科学技術の面から見ると、発明は上記の③に該当するでしょう。②は基礎科学における発見と重なるものがあるでしょう。では発見と発明はどう違うかというと、発見はこれまで知られていなかった原理などを見つけ出すことで、発明はまったく新しい機械や道具を作り出すことや、これまで使われていたものに革命的な機能を付け加えるような技術の創出をいいます。

　科学上の発見とされるものには、次のようなものがあります。電磁波の発見、光の速度の発見、ブラックホールの発見など。本書でも述べているとおり科学史上には膨大な数の発見があります。また、発明には、蒸気機関・内燃機関・飛行機・コンピュータなどこちらも数えきれないくらいにあります。

　ここで気がつくのは、発見は主に科学の分野にあり、発明は技術

（工学）の分野にあることです。科学上の発見は、工学的に応用する方法を見つけることで発明となり、人類社会を豊かにしてきました。

　発明という言葉を聞くと、思い浮かべるのは発明王・エジソンではないでしょうか。トーマス・エジソンは、アメリカの発明家・企業家で19世紀の後半から20世紀初めにかけて数多くの発明を行なったことで知られています。正規の教育は受けず独学で勉強を続け、16歳になった1863年から当時最先端の技術であった電信技師として働き始めました。エジソンは当時の最先端であった電気を利用した技術に強く興味を示し、1870年には発明家として自立して事業を行なうようになりました。エジソンの主な発明を列挙すると次のようになります。

1868年	電気投票記録機
1869年	株式相場表示機
1871年	印字電信機
1877年	蓄音機
1879年	白熱電球を改良（発明したのはジョセフ・スワン）
1882年	ニューヨークで送電事業を始める。 直流電力をウォール街の白熱電灯に配電。
1884年	エジソン効果（真空にしたガラス管中の電極間で電子の流れのオンオフが見られること）を発見。真空管の基礎技術を発明。
1891年	動画を見る機械キネトスコープの発明。映画はキネトスコープに触発されたフランスのリュミエール兄弟が発明。
1900年	エジソン電池（ニッケルと鉄を電極とする。低コストで当時としてはエネルギー密度が高かった）の発明。

● 発明は技術の波に乗ること

このように見るとエジソンは、すでにあった技術に、電気の力を使ってまったく新しい機能を加えたり、高性能化を行なったことがわかります。特に、電気エネルギーを利用したという点が重要で、19世紀後半から20世紀初めにかけては、まさに、電気の力が社会を大きく変えていった時代で、その流れにうまく乗って画期的な発明を行なったといえるでしょう。

現在でいえば、アップルコンピュータ社（現アップル）を設立し、それまでになかったような使いやすいコンピュータ（マッキントッシュ、現マック）や超革命的な情報ツールといえるiPhoneを創り出したスティーブ・ジョブズなどがまさに現代のエジソンといえると思います。ジョブズは情報技術をフル活用し、そこに誰も思いつかなかったようなアイデアを加えてそれまでになかったようなツールを創り出しました。

エジソンもジョブズも、当時最先端の技術を利用して新しい製品とサービスを発明し、世の中を変えていったのです。

3-5

飛行機の空気力学と操縦法の発明

—— リリエンタール、ライト兄弟

● ライト兄弟の技術は先人たちの技術の総合

　1903年、ライト兄弟が人類初の有人動力飛行機「ライトフライヤー号」の初飛行に成功しました。飛行機はライト兄弟が独自に開発したわけではありません。それ以前の先人たちの積み重ねがあったからこそできたのです。

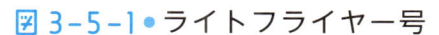

図 3-5-1 ● ライトフライヤー号

　ライトフライヤー号が動力飛行に成功した理由として3つの技術があげられます。①主翼の形状・②軽量エンジンの開発・③操縦方法の3つです。

　1 つめは主翼の形（断面形）の工夫です。飛行機の主翼は平べったい板ではありません。上面が下面より膨らんでいて、最も膨らんでいるところが、主翼の前寄りにあります。これが揚力を生む秘密なのです。この膨らみがどれくらいの大きさであればいいのか、最も膨らみの大きな部分は主翼の前縁からどれくらいのところにあればいいのか、これらの要素によって、主翼が発生させる揚力の大きさや失速するときの迎え角などが決まってきます。また膨らみを大きくしすぎると抗力（空気抵抗）が大きくなって速度が得られません。

　これらの最良のバランスを求めて実験・試験飛行を繰り返してデータを残したのが、ドイツの工学者で航空研究家オットー・リリエンタール（1848－1896）です。1877年に最初のグライダーを製作。1891年には人が乗ることができるグライダーを製作しました。1896年の 8 月10日、テスト飛行で突風にあおられて墜落死しましたが、それまでに彼は何種類もの翼を作り、2000回以上の滑空飛行を行ないました。リリエンタールが残した膨大な空力データはライトフライヤー号の設計に活かされたのです。リリエンタールの業績がなかったら、ライトフライヤー号の初飛行はもっと遅れていたことでしょう。

　2 つめは軽量なガソリンエンジンの発明です。1883年、ドイツの機械技術者ゴットリープ・ダイムラー（1834－1900）は軽量で効率のよいガソリンエンジンを開発。1886年には、このエンジンを搭載した自動車の開発に成功しました。この会社は現在のダイムラー社(旧ダイムラー・ベンツ社)です。ライトフライヤー号の設計時はアメリカでもガソリンエンジンを製造できるようになっていました。しかし、小型飛行機に載せることができるほどには軽量化で

きなかったので、ライト兄弟は自ら軽量ガソリンエンジンを製造しました。そのエンジンは排気量4000ミリリットル、水冷直列4気筒、出力11.77キロワット（約16馬力）、重量69キログラムでした。大人一人分くらいの重さでしたが、当時のエンジンとしては非常に小さくて軽いエンジンでした。ただ、ラジエーターや気化器などの補器類は一切ないシンプルなエンジンで、使用しているうちにどんどん出力が下がるため、長時間の飛行ができるものではありませんでした。しかし、飛行機に人を乗せて短時間飛行するには十分なパワーを持っていました。ライトフライヤー号は小型軽量のガソリンエンジンがあったからこそ成功したのです。

● 飛行機操縦技術の発明

　3つめは操縦士が飛行機を自由に飛ばすことができるようにする、操縦のためのメカニズムの開発です。人が自由に飛行機の姿勢を変えることができるようにしたこと。これがライト兄弟の画期的な発明といえます。

　リリエンタールのグライダーは、現在のハンググライダーのように人が身体を動かして重心移動をすることで操縦を行なっていました。しかし、ライト兄弟は箱のようになった翼を捻る（歪める）ことで操縦することを思いつきました。

　飛行機は、機首を上下に振る方向の動きであるピッチ、左右に傾ける動きのロール、機首を左右に向けるヨーの3つの動きの組み合わせで操縦します。箱を捻るというのは、現在の飛行機でいうエルロン（補助翼）に相当する動きで、飛行機を旋回して針路を変えるときに機体を向けたい方向に傾ける操作をします。これによって飛

行機を滑らかに目指す方向に向けることができます。ライトフライヤー号は上下に2枚の翼がある複葉機ですから、箱の上下の板だけを残したようなイメージで、翼を捻ると現代の飛行機のエルロンと同じように、上下の翼の後縁が下がったり上がったりします。飛行機を右の方向に向けて旋回したいときは右主翼の捻じりを上向きにし、左旋回したいときは左主翼の捻じりを上向きにします。左右は連動していて、右側を下げれば左側が上がり、その逆も同じように動きます。

　今の飛行機と違うのは、この捻じり操作を操縦桿ではなく、腰の下に敷いたサドル（まさに自転車のサドル！　ライト兄弟は自転車屋さんでしたから）を左右に動かして、それに連動したワイヤーの動きで行なうところです。

　もう一つ、ライト兄弟の操縦機構で注目すべきは、主翼の捻じり

図 3-5-2 ● ライトフライヤー号の構造

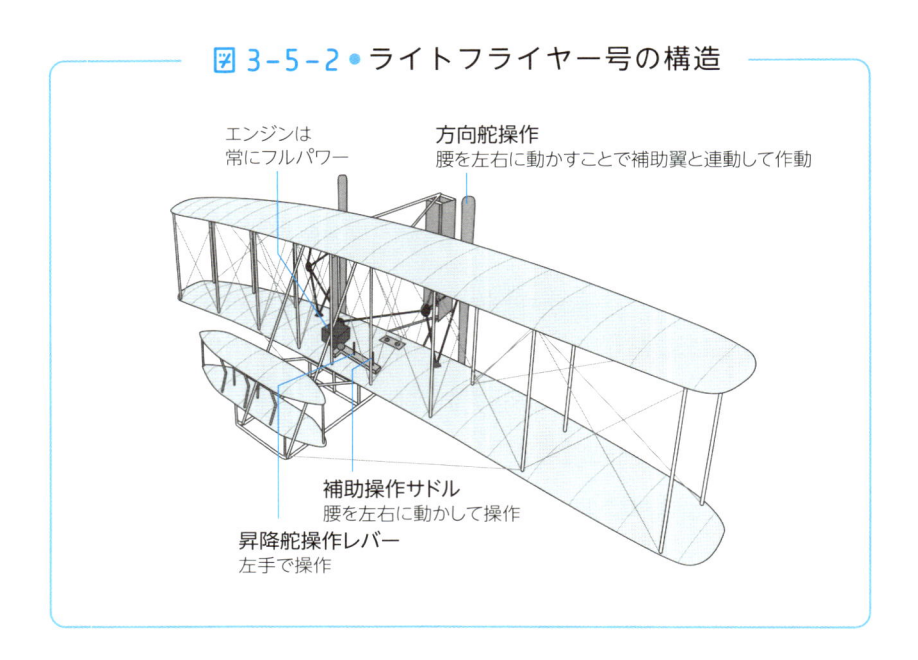

エンジンは
常にフルパワー

方向舵操作
腰を左右に動かすことで補助翼と連動して作動

補助操作サドル
腰を左右に動かして操作

昇降舵操作レバー
左手で操作

に合わせて方向舵が動くことです。当時の飛行技術では、旋回する
には旋回したい方向に機体を傾けるか機首を向ければいいと考えら
れていましたから、エルロンとラダーの連動機構は画期的なことで
した。この機構によってバランスの取れた旋回飛行を行なうことが
できるようになったのです。残るもう一つのピッチの操作ですが、
独立したレバーがついていて、これで操縦しました。

1903年12月17日10時35分、20ノットの強い寒風が吹きすさ
ぶノースカコライナ州キティーホークの砂浜で、ライトフライヤー
号は初めての有人動力飛行に成功しました。飛行時間はわずかに
12秒、飛行距離は36メートルでした。

それから120数年経た現在は、500人から800人の人間を乗せて
飛ぶ大型旅客機が大陸を横断して飛行するようになりました。飛行
機は、たった1世紀でこれだけの進歩をとげたのです。科学技術
は人類の進歩をさらに加速していきます。

科 学 技 術 の 歴 史

19世紀	1864年	マクスウェル、電磁波の方程式を発表。
	1864年	ニューランズ、オクターブの法則を発表。
	1865年	メンデル、遺伝の法則を発表。
	1867年	ジーメンス、発電機を発明、電灯の普及始まる。
	1869年	メンデレーエフ、周期表を作る。
	1875年	メンデレーエフの周期表の空欄にガリウム発見。
	1878年	電話の商用サービス始まる。
	1879年	メンデレーエフの周期表の空欄にスカンジウム発見。
	1883年	ダイムラー、ガソリンエンジンを開発。
	1885年	バルマー、水素のスペクトルに輝線を発見。
	1886年	メンデレーエフの周期表の空欄にゲルマニウム発見。
	1888年	ヘルツ、電磁波を発見。
	1897年	J・J・トムソン、電子を発見。
	1895年	レントゲン、エックス線を発見。
	1896年	ベクレル、放射線を発見。
20世紀	1900年	プランク、熱放射の研究から量子力学が始まる。
	1901年	ノーベル賞創設。第一回物理学賞にレントゲン、化学賞にはファント・ホッフ（化学反応）、医学・生理学賞にはフォン・ベーリング（血清療法）。
	1903年	長岡半太郎、土星型原子モデルを発表。
	1903年	ライト兄弟、初の有人動力飛行に成功。
	1903年	J・J・トムソン、レーズンパン型原子モデルを発表。
	1905年	アインシュタイン、特殊相対性理論を発表。
	1911年	ラザフォード、現在のイメージに近い原子モデルを発表。
	1913年	ボーア、原子モデルを提案。
	1915年	アインシュタイン、一般相対性理論発表。

| 20世紀 | 1919年 | ラザフォード、人類初の原子核破壊実験で陽子の放出を確認。 |
| | 1932年 | チャドウィック、中性子発見。 |

世 界 の 出 来 事

19世紀	1840年	アヘン戦争。
	1848年	ルイ・ナポレオン・ボナパルト、大統領に。
	1851年	第 1 回万国博覧会、ロンドンで開催。
	1861年	アメリカ、南北戦争始まる。
	1869年	スエズ運河完成。
	1892年	エジソン、ゼネラル・エレクトリック社（GE）を創設。
20世紀	1901年	マルコーニ、大西洋を横断する長距離無線通信に成功。
	1912年	タイタニック号遭難。
	1914年	パナマ運河完成。
	1914年	第一次世界大戦始まる。
	1920年	国際連盟発足。
	1929年	世界恐慌。

日 本 の 出 来 事

19世紀	1858年	日米修好通商条約締結。
	1867年	渋沢栄一・徳川昭武らパリ万国博覧会へ行く。日本初参加。
	1868年	明治維新。
	1872年	日本で太陽暦採用。
	1872年	富岡製糸場開業。日本の産業革命始まる。

	1872年	新橋－横浜間、日本初の鉄道開通。
	1877年	東京大学設立。
19世紀	1889年	大日本帝国憲法発布。
	1894年	日清戦争始まる。
	1895年	露仏独三国干渉。日本は遼東半島を返還。
	1901年	八幡製鉄所操業開始。産業革命本格化。
	1904年	日露戦争。
	1906年	南満州鉄道設立。
20世紀	1912年	大正時代始まる。
	1923年	関東大震災。
	1925年	治安維持法。普通選挙法。
	1925年	日本でラジオ放送開始。

第4章

科学技術大躍進の時代

――20世紀

4-1

相対性理論の発表、物理学の新しい視座

―― アインシュタイン

● 特殊相対性理論

　人類が文字を使って記録を残すことができるようになってから数千年。文字を使うことによって、他者とのコミュニケーションができるようになり、互いに理解が深まっていきました。共同体の中では言葉によって考え方や意思が統一され、特定の事柄とそれが表すイメージを共有できるようになっていきました。抽象的な概念も持つことができるようになり、さらにそれを他の人と共有できるようになっていきました。原始宗教的な概念はこうして生まれたのでしょう。このようにして人類は、私たちが暮らしている世界とはどういうものなのかということを考え、各文明が独自の世界観を持つようになりました。

　しかし、この世界観が盤石かというとそうではありません。16世紀にはそれまで信じられていた天動説が地動説に変わりました。1543年、コペルニクスは太陽を中心としてその周りを地球が回っている、現在知られているのと同じようなソーラーシステム（太陽系）を提示しました。地動説はそれ以前の世界観・宇宙観をひっくり返すような大事件でした。このような価値観の全面的な大転換の

ことを「コペルニクス的転回」と呼んでいます。

　これに匹敵するような理論が20世紀初めに登場しました。1905年にアインシュタインが発表した「特殊相対性理論」です。これは、光速度不変の原理、及び等速直線運動をしている慣性座標系ではどこでも同じ物理法則が成り立つということを示したものです。その結果、光速度のみが絶対的に不変の存在で、時間と空間（時空）が伸び縮みするということがわかりました。例えば光速で飛べるロケットがあったとして、速度が光速に近づいていくと、進行方向に縮んで見えるようになります。時間もゆっくりと進むようになります。また、質量が増加し、光速に達すると無限大になってしまいます。ここから、質量はエネルギーと等しいという「質量とエネルギーの等価性」の原理をアインシュタインは導きました。

　時間と空間は、ニュートン以来、絶対的な座標と思われていましたが、その常識が突き崩されてしまったのです。まさに、コペルニクスの地動説以来約350年ぶりの「コペルニクス的転回」といえるものでした。

　また、質量とエネルギーが等価であるという発見は、原子核のエネルギーの解放・利用にもつながっていきました。まさに物理学の大革命といっていい理論です。

● 一 般 相 対 性 理 論

　続いて1915年に発表された一般相対性理論は重力の理論です。アインシュタインは、重力は質量を持った物体が周囲の時空に歪みを発生させることによって生まれると考えました。ちょっと理解しづらいかもしれませんが、ゴム板の上に重い球を置いたところを考

えてみるといいでしょう。ゴム板は球の重さ（質量）によってへこみます。これが重力であるというのです。

図 4-1-1 ● 質量による時空の歪み

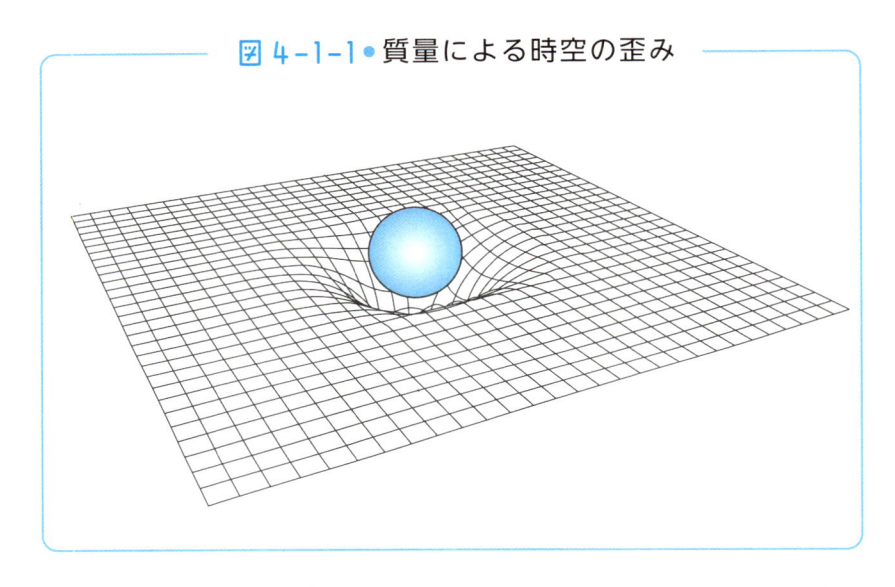

　大きな重力で空間が歪むことは、1919年5月29日の皆既日食のときに、イギリスの天文学者アーサー・エディントン（1882-1944）が、太陽の近くにある星（恒星）の位置が太陽の重力によって歪んだ空間を通過することで、実際の位置と少しずれた場所に見えることを確認しました。この観測で、質量のあるところでは周囲の時空が歪むというアインシュタインの説が証明されたのです。

　そして現在、宇宙には重力によって歪められた空間の証拠が続々と見つかっています。それが重力レンズ効果です。大きな質量の天体（主にブラックホール）があると、その後ろにある天体の光が細長く伸びて見えます。最近はNASAと欧州宇宙機関（ESA）が共同運営するハッブル宇宙望遠鏡やNASAのジェイムズ・ウェッブ宇宙望遠鏡（JWST）など高性能の宇宙望遠鏡で観測できるようになり、

重力レンズ効果で歪んで見える天体が続々と発見されています。

　また、銀河の質量の約27％を占めているにもかかわらず、見ることも観測することもできないダークマター（暗黒物質）による重力レンズ効昊を調べることでダークマターの分布や量などの詳細を明らかにしようという研究も行なわれています。

● 重力波望遠鏡

　重力そのものを検知しようという試みも行なわれています。宇宙には大質量のブラックホールどうしが衝突・合体している天体があり、そこでは周囲の空間が大きく歪んでいます。その歪みが宇宙空間を重力波として伝わってくるので、それを検知しようというのです。世界には日本・アメリカ・イタリア・ドイツに重力波望遠鏡が設置されており、宇宙の彼方からやってくる重力波を捉えようと待ち構えています。2016年2月にはアメリカの重力波望遠鏡が、10億光年以上かなたの巨大ブラックホールどうしが合体したときに発生した重力波を捉えました。アインシュタインの重力理論は、最先端の観測技術によっても証明されたのです。

　アメリカのルイジアナ州とワシントン州にLIGO（ライゴ：Laser Interferometer Gravitational－Wave Observatory)という重力波望遠鏡が、日本にはKAGRA（カグラ：Kamioka Gravitational wave detector, Large－scale Cryogenic Gravitational wave Telescope)と呼ばれる重力波望遠鏡が岐阜県神岡町の地下200メートル以上の深い場所に設置されています。KAGRAは長さ3キロメートルのトンネルを直交させて掘り、中に同一光源からハーフミラーで2つの経路に分けてレーザー光を発射。観測装置の反

対側のミラーで反射してきた光を観測します。もしも重力波が存在していれば、空間の歪み（凹み）によって縦方向と横方向の空間の長さがわずかに違い、光が伝わる速度が変わりますから、戻ってきた2方向からの光の干渉縞から重力波を検知するという仕組みです。ただし3キロメートルくらいの長さでは、わずかな光速の差を測ることが難しいので、ミラーを使って何度もレーザー光を往復させてレーザー光の走行距離を稼いでいます。

図 4-1-2 ● カグラ

©Christopher Berry

　重力波望遠鏡は、アメリカ・日本の他、イタリアには Virgo（ビルゴ）というヨーロッパを中心とした国際共同研究施設、ドイツには GEO（ジオ）600という研究施設があります。Virgo はおとめ座のことで、その方向に地球から5900万光年離れた銀河の大集団「おとめ座銀河団」が見えることで知られています。地球から一番近いところにある銀河団で、狭い範囲に2500個ほどの銀河が集

まって見える「宇宙(天体観測)の名所」です。

　また宇宙空間に重力波観測衛星を打ち上げ、レーザー光で重力波を測る欧州宇宙機関(ESA)のレーザー干渉計宇宙アンテナ(LISA: Laser Interferometer Space Antenna)の計画も進められています。宇宙空間では地球の大きさにとらわれず、観測のための基線を長くとることができるので成果が期待されています。LISAでは基線長(3機の衛星の間隔)はなんと250万キロメートルにもなります。この距離は月と地球の距離の6倍以上です。基線長が長くなるほど、空間分解能が上がります。

　アインシュタインが提示した相対性理論という時空と重力の理論は、難解すぎて発表当時はなかなか理解されなかったといいますが、現在、最新の重力波観測装置は、アインシュタインの説がまぎれもない事実であることを証明しているのです。

　そして、20世紀には、さらにもう一つの大きな「コペルニクス的転回」が物理学の世界で起こります。量子力学です。

4-2

真空放電管の発明と エックス線

—— レントゲン、ガイスラー、クルックス、プリュッカー

● ガイスラー管での真空放電から始まった

エックス線は1895年、ドイツの物理学者ウィルヘルム・レントゲン（1845－1923）によって発見されました。この発見に先立って、当時は真空に近いガラス管の内部に高電圧をかけて放電させる実験が盛んに行なわれていました。

最初期のものにガイスラー管があります。ドイツの物理学者ハインリッヒ・ガイスラー（1814－1879）は、1857年にガラス管の中を、大気圧の1000分の1くらいの数ヘクトパスカルといった低圧にし、電極に高電圧をかけて放電させました。するとガラス管内部にわずかに残っていた気体の種類によって放電の色が異なることを発見しました。

同時期にドイツの物理学者ユリウス・プリュッカー（1801－1868）も、ガイスラー管を用いて同様の実験を行なっています。ともに希薄な気体の中で放電させると、電極の近くのガラス管が蛍光を発することを確認。さらに、蛍光を発する位置が磁場をかけることで変わることに気がつきました。1859年頃のことです。

また、イギリスの物理学者ウィリアム・クルックス（1832－1919）

は、1875年にクルックス管を発明しました。クルックスは0.1ヘクトパスカルといった大気圧の1万分の1という真空に近い環境をガラス管の中に作り、電極に高電圧をかけたところ、ガラス管が蛍光色で光りました。彼は陰極から電気を帯びた粒子が飛び出しているのだろうと推測しました。

　放電中のガラス管に磁場をかけると、発光する場所が変わることから、プリュッカーも陰極からマイナスの電気を帯びた粒子が飛び出していると考えました。また、プリュッカーとともに研究していたドイツの物理学者ウィルヘルム・ヒットルフ（1824－1914）も陰極から出てくる粒子が磁場をかけると曲がることに気がつきました。

　1876年にドイツの物理学者オイゲン・ゴルトシュタイン（1850－1930）は陰極から出ている電気を帯びた粒子の流れを陰極線と名づけました。1897年になって、J・J・トムソン（1856－1940）が陰極から出ている粒子が電子であることを発見しました。

　このような科学技術上の発見は画期的なもので、一連の研究が原子核の構造の解明、及びレントゲンによるエックス線の発見へとつながっていきます。

● エックス線の発見

　1895年、レントゲンは内部を真空にしたガラス管（クルックス管）の中に電極を入れ、そこに高い電圧をかけて真空放電の実験を行なっていました。レントゲンはドイツの物理学者フィリップ・レーナルト（1862－1947）が1892年に開発した、陰極線をガラス管の外に取り出す装置を使って陰極線の性質を調べていました。

　レントゲンはクルックス管自体の発光の影響をなくすためにガラ

ス管を黒いボール紙で覆い、真っ暗な部屋で放電管のスイッチを入れました。すると、数メートルの距離に置いてあった蛍光板が輝いたのです。陰極線は、空気があるところでは遠くまで進むことができません。それなのに、数メートルの距離にある蛍光板が光ったのです。これは陰極線のせいではありません。何か未知の「目に見えない光」が放電管から出ていたのです。この「光」は、放電管と蛍光板の間に紙や木などの物体を置いても通過しました。しかし、手を置いてみると、その光は骨は透過しないため、蛍光板には手のひらの内部にある骨の形が写っていました。しかも、密度に応じて透過率が異なるため階調のある写真が得られたのです。レントゲンは驚きました。しかし、この光の正体がわからなかったため未知を意味する数学記号エックス（x）をつけてエックス線として学会に発表しました。

　人体を透過した光で写真を撮ると骨のようすがよくわかり、その後の医療に大きく貢献したことはいうまでもありません。レントゲンの発見したエックス線は世界中で高く評価され、1901年には第1回ノーベル物理学賞を受賞しました。また1905年には、レーナルトが陰極線の発見によって、さらに1906年にはJ・J・トムソンが、気体の電気伝導の研究によってノーベル物理学賞を受賞しています。

● エックス線分光法

　エックス線は光のように回折する性質を持っているため、物質の細部構造を調べるのにも用いられます。ドイツの物理学者マックス・フォン・ラウエ（1879－1960）は、エックス線の波長が原子を構成している粒子間の距離に近いことから、結晶にエックス線を照射す

ると、構造に応じて回折することを発見。この手法によるエックス線分光は後に多くの工学的成果を上げました。この功績でラウエは1914年にノーベル物理学賞を受賞しています。

　医療用エックス線はエックス線管による放電で作り出しますが、もう一つ方法があります。それは直進する電子の進路を磁石などで急激に変える方法です。急激に進路を変えられた電子は、エックス線を含む放射光と呼ばれる光を出し、これを装置の外に取り出すことができます。これが放射光施設と呼ばれるもので、日本では兵庫県南西部の播磨科学公園都市にある高輝度光科学研究センター（日本原子力研究開発機構と理化学研究所等）のSPring－8が知られています。直径約500メートル（全長は1.5キロメートル）の円形の加速器で粒子を光の速度近くまで加速させてから急激に進路を変え、得られた光（電磁波）を外部に取り出します。

 4-3

 放射能の発見と原子核物理学の発達

―― ラザフォード、ベクレル、キュリー

● ベクレル、放射線を発見

　エックス線の発見は放射線（能）の発見へとつながるものでした。放射能とは外部から刺激を受けることなく、自然に放射線を出す性質・能力をいい、そのような物質を放射性物質と呼びます。

　初めて自然界の放射線を発見したのはフランスの物理学者アンリ・ベクレル（1852－1908）です。1896年、ベクレルはレントゲンのエックス線発見のニュースに刺激を受け、蛍光物質とエックス線の関係を調べようとしました。写真乾板を黒い紙で覆い光が当たらないようにして、その上にウラン鉱石を置いてみました。写真乾板は感光して、光が当たっ

図 4-3-1●
アンリ・ベクレル

た部分が黒くなります。乾板を黒い紙で包んでいたので、光は入らないはずです。ところが乾板が感光していたのです。これは、光ではない目に見えない放射線が出ているということです。こうしてベクレルは放射線を発見しました。

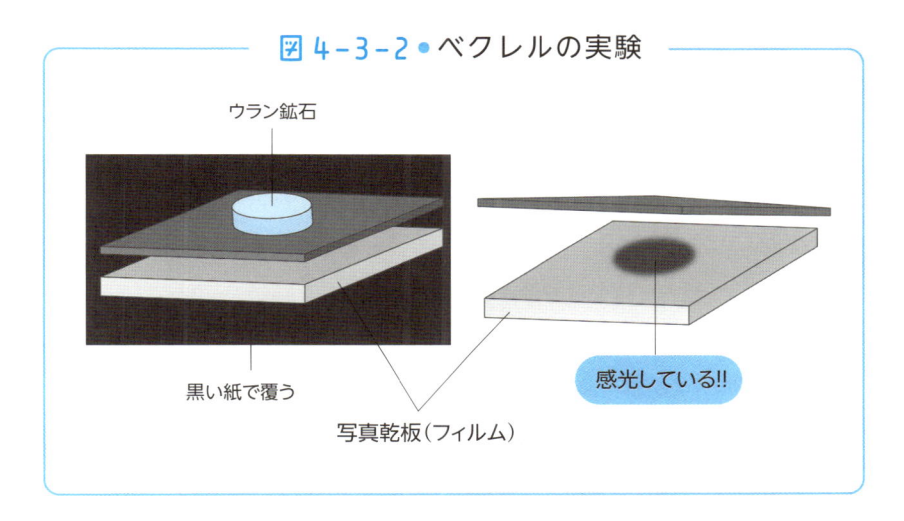

図 4−3−2 ● ベクレルの実験

ウラン鉱石

黒い紙で覆う

写真乾板（フィルム）

感光している!!

フランスの物理学者マリー・キュリー（1867−1934）とその夫ピエール・キュリー（1859−1906）は、ベクレルが発見したウランから出ている放射線の正体を突き止めようと研究を重ね、1898年にポロニウムとラジウムという放射性元素を発見しました。

放射性元素とは放射能を持つ元素、つまり放射線を出している元素のことです。原子核が不安定な元素は、自ら放射線を出して崩壊（別の元素に変わる）していきます。

原子は原子核と電子で構成されており、電子は原子核の周りを回っています（量子力学的には原子核の周囲に確率的に存在する雲のようなもの）。電子1個の質量は陽子の1840分の1ほどですから、原子の質量はほとんど陽子と中性子の質量によって決まります。

普通の水素原子(プロチウムともいうが現在はあまり使われない言葉)は原子核に陽子1個、その周りに電子が1個あります。元素には同位体というものがあって、通常より中性子が余計についています。例えば水素なら陽子1個・中性子1個の原子核を持つものが重水素(デューテリウム)、中性子が2個ついている同位体が三重水素(トリチウム)です。重水素は自然に存在する水素のうちわずかに0.02%ほど、三重水素はもっと少なく、弱い放射線を出しながら半減期約12年で崩壊していきます。半減期というのは放射性物質を出すことで原子核の半分が別の核種(元素)に変わるまでの時間です。

● キュリー、放射性元素ラジウム発見

キュリー夫妻が1898年に発見した放射性元素ラジウムは、ウラン鉱石から抽出したもので、数トンものウラン鉱石からごくわずかの量を取り出すことに成功しました。キュリー夫妻は、ラジウムとポロニウムの発見で、放射線を発見したベクレルとともに1903年にノーベル物理学賞を受賞しました。ちなみにマリー・キュリーは1911年にノーベル化学賞も受賞しています。

● 放射線の正体は何か

このようにして19世紀末から20世紀初めにかけて放射線が発見されてきました。では、放射線の正体はいったい何なのでしょうか。

1898年、イギリスの物理学者アーネスト・ラザフォードは、ウランからアルファ線とベータ線が出ていることを発見しました。1900年にはフランスの物理学者ポール・ヴィラール(1860−1934)

放射能の発見と原子核物理学の発達

がウランから出ている放射線からガンマ線を発見しました。

アルファ線は放射性核種が自然崩壊するときに出る放射線でその正体はヘリウム（ヘリウム 4）の原子核です。陽子と中性子が 2 個ずつで構成された原子核からできています。重い粒子なので遠くまで飛ぶことはできません。せいぜい数センチメートルしか進めません。透過力も弱く紙 1 枚で止められます。原子核なので正の電荷を持っていて磁場をかけると進路が曲がります。

ベータ線も放射性核種の自然崩壊によって原子核から出てくる放射線で、その正体は電子です。透過力はアルファ線に次いで小さく、1 メートル程度しか進みません。負の電荷を持っているので、磁場の中ではアルファ線とは反対の方向に曲がります。

ガンマ線は原子核が崩壊するときに原子核から出てくる電磁波です。ガンマ線もエックス線と同じように透過力があります。ただし、通常どの放射線も自然界から浴びているものは非常に微量であり健康に影響はありません。そのような微量の放射線のある環境で人類は進化したのですから。ただ一定の強さを超えた放射線が人体に当たると危険です。

このように20世紀初頭は、物質の最小要素が原子であり、原子は原子核と電子でできていて、一部の元素は放射線を出しながら自然に崩壊するなど、原子の正体が次々と解明されていきました。この時代に得られた科学的成果は、エックス線を利用した医療や非破壊検査、分光法による結晶の構造解析、放射光施設でのさまざまな粒子の技術的利用へとつながっていきました。放射線を発見したラザフォードは1908年にノーベル化学賞を受賞しています。

量子力学の登場

―― プランク、アインシュタイン

●「物理学は完成した」ケルビン卿

　19世紀後半から20世紀初めにかけて、原子の姿が続々と解明されてきました。物質は細かく分けていくと原子に到達し、原子は陽子と中性子からできた原子核とその周囲を衛星のように回る電子から構成されている。それは一つ一つ実験によって確認されました。また、マクスウェルは電磁気学を完成させ、すべての基本は古典力学であるニュートン力学で説明できる。「物理学は完成した」と言い放つ科学者もいました。

　イギリスの物理学者で絶対温度ケルビンに名を残しているケルビン卿（1824－1907）（1892年、物理学上の功績から貴族になったのでケルビン卿と呼ばれた）は、1900年の講演で、2つの点を除いては物理学は完成に達していると言いました。

　未解明の2つは、光の正体と黒体放射の問題でした。少し前までは宇宙には光を伝える媒質であるエーテルが充満していると考えられていましたが、1887年のマイケルソン＝モーリーの実験によってエーテルの存在は否定されました。また熱エネルギーの発する光の色と温度の関係についてはまだわかっていませんでした。

古典物理学（ニュートン力学）は確かに19世紀末に一定の完成を迎えたといえますが、新しい問題も芽吹いていたのです。そしてこれこそが物理学の世界を根っこからひっくり返す量子力学の登場でした。

● プランクから始まった量子力学

　量子力学はプランクから始まったといえるでしょう。当時ドイツの物理学者マックス・プランク（1858－1947）は、熱放射の研究をしていました。溶鉱炉の中の高温で溶けた鉄から放射される熱と色の研究でした。当時は、近代化とともに鉄鉱業が産業の礎として栄えていました。鉄鉱石から良質な鉄製品を作るには、溶鉱炉の温度管理が重要なので、当時の製鉄工場の職人たちは溶けた鉄の色を見て、温度を判断していました。良質な鉄を作るには精密な温度管理が欠かせなかったのです。そこで、プランクは、溶けた鉄が発する色と温度の関係を調べていました。当時の物理学の常識では、振動数が大きな光（波長が短い青色の光）になるほど明るさがどんどん増化していくと考えられていました。

　しかし、実際に測定するとそうはなっていませんでした。温度の高い光ほど振動数の最も大きなところ（明るく見えるピークの部分）がずれていっていたのです。そしてピークの点は絶対温度に比例していることもわかりました。

　それまで振動数と光の強さの関係を表す式として、レイリー＝ジーンズの式がありました。イギリスの物理学者レイリー（1842－1919）とジェームズ・ジーンズ（1877－1946）が提案したものです（レイリーは1904年にノーベル物理学賞受賞）。

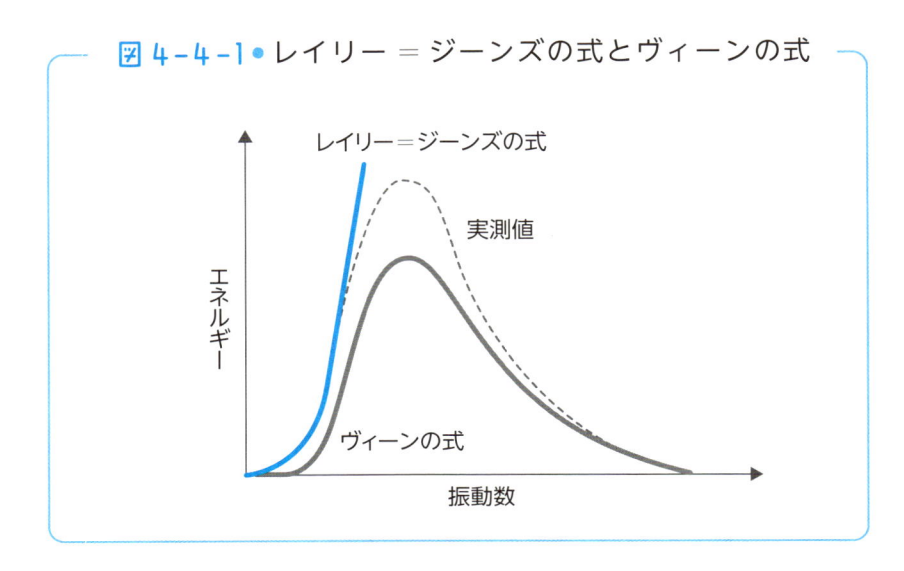

図 4–4–1 ● レイリー ＝ ジーンズの式とヴィーンの式

レイリー＝ジーンズの式

実測値

エネルギー

ヴィーンの式

振動数

　もう一つ、ドイツの物理学者ヴィルヘルム・ヴィーン（1864－1928）が提案した、（ヴィーンは1911年にノーベル物理学賞受賞）ヴィーンの式がありました。しかし、レイリー ＝ ジーンズの式は低い振動数の光（赤色の領域）で実験値と合いますが高い振動数では合わず、逆にヴィーンの式は高い振動数の光（青色の領域）では合っていましたが低い振動数では合っていませんでした。

　そこでプランクは実験結果に合うように 2 つの公式を書き換えてみました。2 つの式を合体させて分母に「マイナス 1 」を加えたような式なのですが、こうすることでなぜか実験値と計算式で出した答えがぴったりと合ったのです。プランク自身もなぜ一致したのかわからなかったのですが、とりあえず急いで論文を書き上げ、1900年12月14日、ベルリンで開催されたドイツ物理学会で発表しました。当時の学会における議論の主要テーマは、黒体放射と上記 2 つの公式の関係を解き明かすことでしたから、プランクの発表は驚きをもって迎えられました。

図 4-4-2 ● プランクの式

$$U(\nu)\, d\nu = \frac{8\pi k \beta}{c^3}\,\frac{1}{e^{\beta\nu/T}-1}\,\nu^3 d\nu$$

出典：九州大学のHPより

　この式の何がセンセーショナルであったかというと、光のエネルギーは連続したものではなく、飛び飛びの値を持ったものであることを示していたことです。光は波ではなく粒子であるともいえます。これは当時、定説となっていた光の波動説に反するものでした。

　プランクは、エネルギーが飛び飛びのものであるならば、ある振動数の光のエネルギーの値は、「定数×振動数　（$h\nu$）」で表せるのではないかと考えました。そしてエネルギーは、$h\nu$を基本単位としてその整数倍で大きくなっていくという仮説を立てました。これがプランクの「エネルギー量子仮説」です。ν（ニュー）は振動数、h（エイチ）はプランク定数です。光のエネルギーは、$h\nu$・$2h\nu$・$3h\nu$・$4h\nu$・・・・と$(n)h\nu$で大きくなっていくというのです。nには整数が入ります。

　光のエネルギーを連続したものではなく、飛び飛びのものとして捉える。この考え方が、まさに量子力学の誕生だったのです。

● アインシュタインの光量子仮説

　続いて1905年にアインシュタインは「光量子仮説」を発表しました。光電効果によって飛び出してくる粒子についての理論です。光電効果とは金属の表面に光を当てると、まるで光の粒にはじかれたように電子が飛び出してくる現象です。このとき波長の短い光ほど（振動数の高い光ほど）、電子の飛び出す勢いが大きいのです。光

電効果そのものは1887年にヘルツが発見しており、飛び出してくる粒子が電子であることはわかっていました。

アインシュタインは光量子仮説において、振動数 ν の光は $h\nu$ という塊ごとのエネルギーになっていると考えました。光量子とは現在いわれている素粒子の一つである光子と同じ意味です。

こうして、19世紀末には光は波であるということで決着がつきそうだったにもかかわらず、プランクやアインシュタインによって粒子性をも持つことが証明され、光や電子は波であると同時に粒子でもあるという不思議な存在であることがわかりました。

アインシュタインは光量子仮説から導かれる光電効果の解明によって、1921年にノーベル物理学賞を受賞しています。特殊相対性理論（1905年）・一般相対性理論（1915）という偉業があるのになぜ光電効果で、と思われがちですが、量子力学への理論的扉を開いたという意味で科学史的意義は大きかったのです。

ただアインシュタイン自身は、光は波でもあり粒子でもあるという「曖昧な」イメージは好きになれず、「神はサイコロを振らない」と言って量子力学に不快感を表していました。神様はサイコロを振って、偶然に出た目で自然界の出来事を決めているのではなく、理論的根拠があって自然を支配しており、私たちがまだ知らない法則や変数が隠れているはずだというのです。

ニュートン以来の古典力学があまりにも整然かつ論理的にできていたため、これをぶち壊すには勇気がいったのでしょう。しかし現在、量子力学は半導体・量子コンピュータ・量子暗号など多くの分野で工学的応用が実現しており、量子力学の理論が正しいことは明らかです。

4-5

量子力学の完成

—— ド・ブロイ、シュレーディンガー、ハイゼンベルク、ボーア、パウリ

● 量子力学の完成

　プランクによって、まさに20世紀の始まりと同時に物理学が新しい段階に入りました。量子力学はそれまでの物理学の常識とはまったくかけ離れたものでした。そもそもプランクが提唱した光のエネルギーは飛び飛びの値を示すということがすでに異質なものでした。今でこそ、コンピュータが行なっているデジタル処理は、0と1という記号を使った飛び飛びの計算であることからイメージがつかめるかもしれません。しかし当時はすべてのエネルギー、すべての物質は滑らかに途切れることなく位置や形を変えると考えられていました。まさにニュートン力学の $F=ma$ で表される調和のとれた世界だったのです。

　1900年のプランクの学会発表に物理学者たちは驚きましたが、まだプランクの示した式がどのような意味を持つかは誰も理解していませんでした。当のプランク自身ですらそうでした。どこかに間違いがあるのではないかという思いもあり、古典物理学の理論で説明できないものかと模索していました。

　1905年のアインシュタインの光電効果の解明及び光量子仮説に

よって、ミクロの粒子は波と粒子の両方の性質を持つことがわかっ
てきました。

　金属の板に光を当てると電子が飛び出してきます。このとき強い
光を当てたからといって飛び出してくる電子の運動エネルギーは変
わりませんでした。しかし、高い振動数の光を当てると運動エネル
ギーの大きな電子が勢いよく飛び出してきたのです。電子のエネル
ギーは光の強さではなく振動数に関係していたのです。つまり光子
は「プランク定数×振動数のエネルギー（$e＝h\nu$）」を持っている
ことがわかりました。光は波の性質を持つと同時に粒子の性質も
持っていたのです。

　光子は粒子でありながら波の性質（波動性）を持つことから、フラ
ンスの物理学者ルイ・ド・ブロイ（1892－1987）は、1923年、物
質も波動性を持つという物質波（ド・ブロイ波）の概念を提唱しまし
た。物質が波動性を持つってどういうことでしょう。電子がゆらゆ
らと揺れながら飛んでいるということでしょうか？　違います。波
の高いところの集まりの部分に物質があるように見えるといったイ
メージです。

　この考え方は、シュレーディンガーの波動方程式へとつながっ
ていきます。まさに量子力学の根幹といえる波動力学の基礎が物
質波の考え方なのです。物質波の概念は、1927年にアメリカの
物理学者クリントン・デビソン（1881－1958）とレスター・ガー
マー（1896－1971）が行なった実験（デビソン＝ガーマーの実験）
によって証明されました。金属の上の電子の散乱パターンから電子
も波の性質を持つことを証明したのです。

● 量子力学の完成者シュレーディンガー

オーストリアの物理学者エルビン・シュレーディンガー（1887－1961）の波動方程式の起源はド・ブロイの物質波の概念です。物質は波の高いところにあるように見えるわけですから、物質の存在は確率で示すことができるということになります。1926年、シュレーディンガーは、この考えを波動方程式として提示しました。この波動方程式の登場によって量子力学が確立したとされています。

前年の1925年にドイツの物理学者ウェルナー・ハイゼンベルク（1901－1976）が「行列力学」で示したものと波動方程式は同等と考えられています。ハイゼンベルクは1927年に、量子力学を代表する原理である不確定性原理を提唱しました。電子などのミクロの素粒子は、位置と運動量を同時に決定することはできないという考え方です。簡単な式ですから、数式で見る方がわかりやすいと思います。

$$\triangle x \triangle p \geqq \frac{h}{4\pi}$$

xは位置、pは運動量、hはプランク定数です。xかpのどちらかを 0 にすると（確定するということ）、もう一方が求まらなくなるということを示しています。またその 2 つの積は常にプランク定数よりは大きいということになります。つまり、位置と運動量を同時に確定することはできないことを意味しています。

ハイゼンベルク、シュレーディンガーに加え、ハイゼンベルクの行列方程式と同じようなやり方で統計的に量子力学を記述したドイツの物理学者マックス・ボルン（1882－1970）、1924年に電子軌道の制限に関する規則性「パウリの原理（パウリの排他律と

もういう）」を発見したスイスの物理学者ウォルフガング・パウリ（1900－1958）といった天才科学者によって量子力学が完成しました。

● ボーアのコペンハーゲン解釈

量子力学の確立に欠かせない業績を上げた科学者で忘れてはならない人物がもう一人います。それはデンマークの物理学者ニールス・ボーアです。彼はラザフォードの原子モデル（168ページ参照）の欠点を正すために、プランクの量子仮説、つまり飛び飛びのエネルギーをとり入れ、1913年にボーアの原子モデルとして提示しました。

ラザフォードの原子モデルは、原子核の周りを電子が回っているというものでしたが、古典力学では回転することでエネルギーを失い原子核の方に落下してしまいます。そこでボーアはそうならないようにするために、電子軌道は特定の振動数条件と量子条件に従うものと仮定し、飛び飛びの値を持つ、決められた軌道を電子が回っていれば、エネルギーを失わないという理論を構築しました。電子が光を放出するのは、電子が別の軌道（高い軌道から低い軌道へ）に移るときであるとしました。ボーアの提示した原子モデルは、原子を初めて量子力学的に捉えたものといえます。

ボーアはデンマークのコペンハーゲンにニールス・ボーア研究所を開設し、そこを拠点として量子力学の研究を進めました。そのため、ボーアたちのグループをコペンハーゲン学派と呼んでいます。ボーアの量子力学の考え方の一つに「コペンハーゲン解釈」があります。電子が粒子でもあり波でもあり、その位置と運動量は同時に決めることができないというのがハイゼンベルクの不確定性原理で

したが、その解釈としてボーアは電子を観測した瞬間、波がパッと収縮して点になったのだと考えたのです。

この「波の収縮説」の考え方に異をとなえたのがシュレーディンガーです。有名な「シュレーディンガーのネコ」のたとえ話を持ち出して、観測によって波の収縮が起こるという考えを批判しました。このネコのたとえ話は、外から中が見えないようにした箱の中にネコと放射性物質が入れてあり、放射性物質が崩壊するとセンサーが働き、毒ガスを出すというものです。放射性物質の崩壊は確率的にしか起こらないので、箱を開けてみるまで、ネコが生きているのか死んでいるのかを確定できないというわけです。箱を開けることによって生死が決まるということはありえないだろうという話です。

このようにして、20世紀前半に量子力学が完成し、物理学はまったく新しい世界へと拡張されていきました。

量子力学の研究によって、ボーアは1922年、ハイゼンベルクは1932年、シュレーディンガーは1933年、パウリは1945年、ボルンは1954年にノーベル物理学賞を受賞しています。

量子力学的な解釈はその後の宇宙論にも影響を与え、多世界解釈やパラレルフールドといったものが提案されていますが、今のところ確固とした証拠はなく、仮説にすぎないものです。ただ、そこからさまざまなイマジネーションを膨らますのも楽しいものです。

素粒子物理学が発達

―― ディラック、フェルミ、マヨラナ

● 現代物理学の枠組み・標準理論

　量子力学はミクロの世界を記述する物理学として、それまでの古典力学とはまったく異なる地平を拓きました。量子力学には日常的な感覚では理解しがたい面もありますが、半導体や量子コンピュータなど現代社会に役立っている技術の基本となっています。

　物質の根源を探究する学問には、素粒子物理学と原子核物理学という似たような2つの言葉がありますが、これら2つの目的は同じです。どちらも物質の根源とされる粒子を探究する学問で、電子・陽子・中性子・クォークなどについて研究します。

　自然界を支配している基本法則を見つけ出すのが目標です。1950年代以降は高エネルギーで素粒子を加速してぶつけることで新しい素粒子を探し出そうという研究が盛んに行なわれ、素粒子がどんどん発見されていきました。そして素粒子の働きやエネルギー、相互作用などで分類し、基本粒子を一覧表にした「標準理論」（標準模型ともいう）が作られています。

　素粒子は、クォーク・レプトン・ゲージ粒子・ヒッグス粒子などに分類され、クォークには6種類、レプトンには電子やニュー

トリノなど6種類、ゲージ粒子には光子（フォトン）とグルーオン。この他に質量を生み出すヒッグス粒子があります。レプトンとクォークは物質を構成する素粒子でフェルミ粒子（フェルミオンともいう）といい、ゲージ粒子は力を交換する粒子でボース粒子（ボゾンともいう）といいます。

図4-6-1●素粒子の一覧

これらの素粒子は電気量や質量、スピンといった特殊な角運動量を持ち、フェルミ粒子は半整数スピン、ボース粒子は整数スピンとなっており、それらがさまざまな相互作用を及ぼしています。

また、原子核を構成している陽子や中性子など強い力（自然界の4つの力のうちの強い相互作用）で結びついている核子のことをハドロンということもあります。

「標準理論」は、アメリカの物理学者シェルドン・グラショウ（1932－）、スティーブン・ワインバーグ（1933－2021）、パキスタン出身の物理学者アブダス・サラム（1926－1996）が、1967年

頃にまとめました。素粒子の世界をうまく分類し、それぞれの相互作用もうまくまとまっているように思えますが、その後の物理学の成果をとり込めない、重力を作用させる重力子と考えられるものが入っていないなど、完全なものではありません。しかし、20世紀後半の素粒子物理学はこの理論に沿って発展してきました。1979年、この3人はそろってノーベル物理学賞を受賞しています。

● 天才ディラック、相対性理論と量子力学を統合

　もう一人忘れてはならないのが、世紀の天才ポール・ディラックです。ポール・ディラック（1902－1984）はイギリス人の物理学者で1928年、量子力学と相対性理論を統合したディラック方程式を発表しました。そしてこの式から、通常の電子とは逆のプラスの電気を持った電子の存在を導き出すことができました。電子はマイナスの電気を持った粒子ですが、なぜプラスの電気を持っているのか。そこでディラックは、真空（量子力学的な意味での真空、101ページ参照）はマイナスのエネルギーで埋め尽くされていて、そこにエネルギーの大きなガンマ線などが当たると電子が飛び出し、あとに残った穴がプラスの電気を持っているのだと考えました。これを空孔理論といいます。この空孔理論は間違っていたのですが、1932年、マイナスの電気を持つ電子と反対にプラスの電気を持つ陽電子が、アメリカの物理学者カール・デイビット・アンダーソン（1905－1991）の霧箱の実験によって宇宙線の中から発見されたのです。ディラックが予言した「反粒子」が実際に存在することが確認されたのです。現在、反粒子は陽子にも中性子にもあることがわかっています。アンダーソンは、1936年にノーベル物理学賞を受

賞しています。

　粒子と反粒子は対立する存在で、電気的性質が正反対なので、この2つの粒子がぶつかると、パッと消えてしまいます。量子力学の真空は今私たちが理解している空気のない真空ではなく、時間も空間もない場所です。しかしそこは完全にエネルギーがない状態ではなく、粒子と反粒子が対生成で生まれ、生まれた瞬間に対消滅で消えてしまう世界と考えられています。そのような不思議な量子の世界を、数学と観測によって、実際に存在すると示してくれたのが、ディラックとアンダーソンです。

● 不思議すぎるマヨラナ

　この世界にはさらに不思議なことに、粒子と反粒子の両方の性質を持つマヨラナ粒子というものもあると考えられています。エンリコ・フェルミ（1901－1954）のもとで研究していたイタリアの天才物理学者エットーレ・マヨラナ（1906－1938?）が1937年に予言した粒子です。マヨラナ粒子はいまだに存在が明らかになっていませんが、最近は量子コンピュータに応用できるのではないかということで、注目を浴びています。数行前でマヨラナの死没年が「?」になっているのは、シチリア島のパレルモからナポリ行きの船に乗った後、忽然と行方知れずになってしまったからです。

● フェルミとオッペンハイマー

　エンリコ・フェルミはイタリア出身のアメリカの物理学者で、放射性同位元素や核分裂など原子核物理学の分野で多くの業績を残しており、アメリカの物理学者ロバート・オッペンハイマー（1904－

1967）と並びマンハッタン計画（第二次大戦中のアメリカで進められた原子爆弾製造プロジェクト）の中心的人物として知られています。1938年にノーベル物理学賞を受賞しています。

　量子力学が20世紀の半ばに完成し、それ以降の電子工学がまさにコペルニクス的転回をするほどに変革されていきました。半導体やデジタル技術はまさに、量子力学の成果のおかげです。

新しい天文学の登場

── ハッブル、ホイル

● ハッブルから始まった膨張宇宙論

人類が観測できる宇宙の大きさは時代が進むとともにどんどん拡がってきました。ここでは、ハッブルの観測から始まった、現在の宇宙像である膨張宇宙について書きたいと思います。

ハッブルは、セファイド変光星という星を使って遠い天体までの距離を測りました。セファイド変光星は、明るさと変光周期からその星の絶対等級がわかります。絶対等級がわかれば、地球から見たときの明るさは距離の2乗に反比例しますから、この星を宇宙の物差しのように使って星までの距離を求めることができます。ハッブルはウィルソン山天文台（アメリカ・カリフォルニア州の標高1742メートルのウィルソン山山頂に1904年設置）の口径100インチ（254センチメートル）の反射望遠鏡を使ったアンドロメダ銀河の中のセファイド変光星の観測から、アンドロメダ銀河は私たちの天の川銀河の外にあることを示してくれました。

1923年、ハッブルは何度も観測を繰り返して、アンドロメダ銀河は地球から約90万光年の距離にあるとしました。現在は、250万光年ほどとされていますからかなり違いますが、それでも、私た

ちの銀河の外の銀河系の存在を実感できた発見でした。ハッブルの発見は人類の持つ宇宙の概念を大きく変革しました。

ハッブルはアンドロメダ銀河の他に、もっと遠くの多くの銀河を観測し、スペクトル分析を行なって歴史に残る大発見をするのです（1929年）。ハッブルは遠くの銀河からやってくる光のスペクトルが赤い色、つまり波長の長い方にずれて見える

図 4−7−1●ウィルソン山天文台の反射望遠鏡

©Ken Spencer

ことに気がつきました。これを赤方偏移といいます。これは遠くにある銀河は私たちから高速で離れていっていることを示しています。音のドップラー効果と同じく、後退速度（遠ざかっていく速度）が大きいと光の波が赤い色の方にシフトするのです。これはスペクトル線の中の特定の元素の持つ吸収線であるフラウンホーファー線の位置を調べることでわかります。後退速度が速いほど、フラウンホーファー線の位置が赤い色の方向に移行して見えるのです。

ハッブルは天の川銀河の外にあるいくつもの銀河のスペクトルから、銀河の後退速度を調べました。すると驚くべきことがわかりました。私たちから遠いところにある銀河ほど赤方偏移の値が大き

かったのです。つまり遠い銀河ほど後退速度が速いということです。これは宇宙は空間そのものが膨張し続けているということを示しています。宇宙は膨張しているのですが、銀河自体は膨張していません。銀河の中にある約2000億個の星と星が重力で強く結びついているからです。ちょうど干し葡萄が入ったレーズンパンを焼いているようなイメージです。レーズンパンが膨らんでいくにつれて干し葡萄どうしの距離が拡がっていきます。干し葡萄は銀河です。干し葡萄の大きさは変わりませんが、干し葡萄どうしの間隔が拡がっていきます。さらに不思議なことに、この膨張宇宙には中心というものがありません。どの銀河から見ても、遠くの銀河の方が速い速度で離れていっているのです。

図 4-7-2 ● 宇宙膨張のイメージ

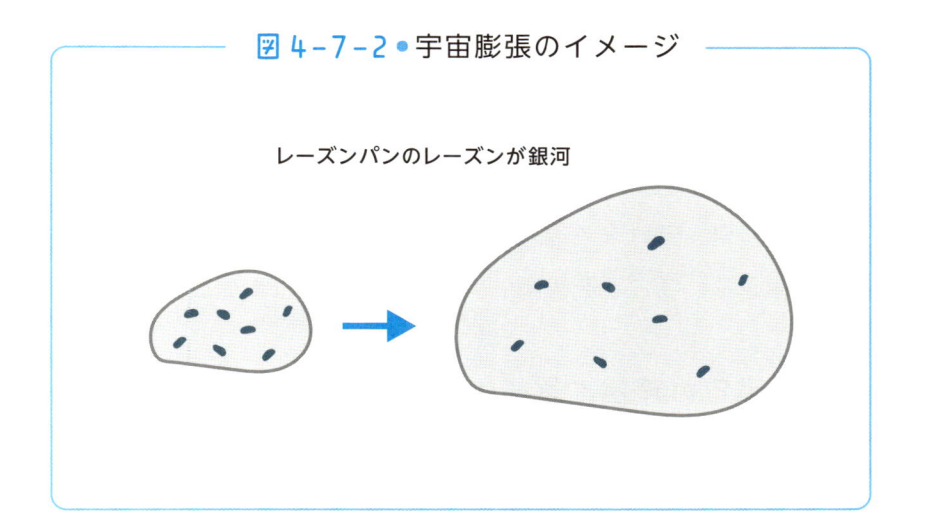

レーズンパンのレーズンが銀河

　ハッブルは銀河の後退速度を調べて、距離と後退速度の関係をつきとめました。「遠方の銀河の後退速度はその距離に比例する」というものです。これをハッブルの法則といいます。

$$v = H_0 D$$

vは後退速度、Dは距離、H_0はハッブル定数です。

ハッブルは定数を500程度としたため、宇宙の年齢は今わかっているよりもずっと若いものでした。その後、詳しく観測が行なわれるようになり、次第にハッブル定数の精度が上がっていきました。2000年以降はハッブル宇宙望遠鏡やプランク衛星など数多くの衛星が宇宙から観測するようになったため非常に精密に測定できるようになりました。

現在、ハッブル定数は70くらいとされています。この定数の単位は、(km/s) Mpcで、これは、1メガパーセクあたりの後退速度を毎秒キロメートルで表したものです。現在は、宇宙の年齢は138億歳と考えられています。1パーセクは約3.26光年なので、1メガパーセクは326万光年となります。これは天の川銀河の300倍くらいの距離です。

ハッブルは、それまで理論的に予測されていた膨張する宇宙が実際に膨張していることを観測によって示してくれました。

● 膨張宇宙の理論を最初に提示したルメートル

ハッブルが膨張宇宙を発見する2年前の1927年に、ベルギーの天文学者で聖職者のジョルジュ・ルメートル(1894－1966)が、アインシュタインの重力場方程式を独自に解いて、膨張宇宙説を発表していました。そのため現在は「ハッブル＝ルメートルの法則」とも呼ばれます。

ルメートルを始めとして、宇宙が膨張したり収縮したりすること

は、ハッブル以前にもいくつかの仮説が提示されていました。

　まず第一にあげられるのが、相対性理論で知られるアインシュタインです。アインシュタインは、一般相対性理論で重力場方程式（アインシュタイン方程式ともいう）を編み出し、重力によって空間が曲がることを示しました。これが、アインシュタインの時空なのですが、一つ困ったことがありました。それは、重力場方程式によると、宇宙が収縮して潰れてしまう解があるのです。そこで、アインシュタインは、重力とは反対の方向に働く力である斥力を表す「宇宙項」という一項を追加しました。1917年のことです。当時は、宇宙が膨張したり収縮したりするなどということはありえないと思われていました。時間や空間が絶対のものではないという、これまでなかった時空の概念を考え出したアインシュタイン自身が、「宇宙は静止しているものである」と信じて疑わなかったのです。

　しかし、1929年のハッブルの膨張宇宙の発見によって大きなショックを受け、「宇宙項の導入は我が人生最大の過ち」といって悔やんだといいます。

　ルメートルは1927年、重力場方程式を解き宇宙が膨張することを示しましたが、同様にロシアの天文学者アレキサンドル・フリードマン（1888－1925）も1922年に宇宙は膨張するという解を出していました。ただ、アインシュタイン自身は、まだ静止する宇宙にこだわっていたのです。

　しかし状況はその後また逆転し、現在は宇宙が加速膨張していることがわかっていますが、これに宇宙項が大きくかかわっていると考えられています。20世紀末になると、約60億年前から宇宙の膨張が加速していることがわかってきました。宇宙の加速膨張は、Ia

型超新星爆発（常に一定量エネルギーを噴出することが理論的にわかっているため距離を測る光源として使える）の観測から、1998年にアメリカの天体物理学者ソール・パールムッター（1959－）、オーストラリアの天体物理学者ブライアン・シュミット（1967－）、アメリカの天体物理学者アダム・リース（1969－）が発見しました。3人は、2011年にノーベル物理学賞を受賞しています。

　宇宙がなぜ加速膨張を続けているのかはまだよくわかっていませんが、未解明の謎のエネルギーであるダークエネルギー（暗黒エネルギー）が働いているのではないかと考えられています。

　アインシュタインは今、宇宙についてどう思っているのでしょうか。

● 定常宇宙論の敗北

　ハッブルの膨張宇宙の発見以降も、一部には宇宙は膨張も収縮もしないという「定常宇宙論」をとなえる学者がいました。その代表がSF作家でもあるイギリスの天文学者フレッド・ホイル（1915－2001）です。「定常宇宙論」はハッブルの銀河の加速後退の発見から19年後の1948年になってホイルがとなえたもので、「ビッグバン（大爆発）から宇宙が生まれたなんてありえない、宇宙は定常的で安定したもので、水素などの元素は宇宙のどこかから自然に出てきたのだ」という、あまり科学的とは思えない主張をしていました。

　現在のビッグバン宇宙論は、当時「火の玉宇宙論」を提唱していたアメリカの理論物理学者ジョージ・ガモフ（1904－1968）に対するジョークだったといわれています。

　宇宙が膨張しているなら、時間軸を逆にたどれば一点に収斂する

のではないか、と考えたのが、ウクライナ生まれのジョージ・ガモフです。ガモフは宇宙の始まりのとき質量が一点に集まった超高温・超高密度となっていて、ここから大爆発が起こって現在の宇宙が誕生したと考えました。1948年ガモフはこの超高温・超高密度の宇宙を「火の玉宇宙」と名づけました。

　なんだかホイルはメチャクチャな科学者のように思われるかもしれませんが、彼は優秀な科学者で恒星内部における元素の生成過程の研究を行なっています。またSF作家としても知られ、代表作に『10月1日では遅すぎる』『アンドロメダのA』などの名作があります。

　ホイルの定常宇宙論は、1964年に宇宙から一様にやってくる電波「宇宙背景放射」の発見によって、完璧に打ち砕かれました。この電波こそが、ビッグバンの動かぬ証拠だったのです。

宇宙背景放射の発見

── ペンジアス、ウィルソン

● マイクロ波アンテナの試験中の偶然

　宇宙背景放射とは全天から一様にやってくるマイクロ波（波長の短い電磁波）の放射です。宇宙マイクロ波背景輻射、宇宙マイクロ波背景放射などともいわれますが同じものです。英語ではCosmic Microwave Backgroundというので、頭文字をとってCMBと略されることがあります。

　1964年、アメリカのベル研究所の技術者アーノ・ペンジアス（1933 −）とロバート・ウィルソン（1936 −）は、衛星通信に使用するマイクロ波通信用のアンテナのテストをしていました。しかしノイズが多くて通信ができない状態が続きました。二人は、アンテナに問題があると考え、アンテナについた埃をとったり鳩の糞を落としたりしましたがノイズは消えません。

　マイクロ波とは波長10から 1 センチメートル（3 〜 30GHz）の電波をいいます。身近なところでいうと、携帯電話が使っている周波数帯です。この他、レーダーや衛星通信など最もよく使われる周波数帯です。マイクロ波は波長が短いので、アンテナ表面にちょっとしたでっぱりがあってもノイズが入る可能性があります。

ペンジアスたちが実験をしていたのは、マイクロ波通信の研究でした。当時は、マイクロ波を扱う技術は現在ほど発達していませんでした。アンテナはホーン型という大きなラッパのような形をしたアルミ製で一辺が6メートルほどの開口部を持っていました。ペンジアスたちは、アンテナの不具合によってノイズが入るのだろうと考えて、先に書いたように鳩の糞を落としたり、ノイズ源から遠ざけるためにアンテナの方向を変えたりしてみましたが、ノイズはいっこうに減りませんでした。マイクロ波は指向性が強いため、ノイズ源の方向を避けるだけでノイズが減る場合があるのです。

　しかし、このノイズは空のあらゆる方向から来ていました。これがまさに宇宙のバックノイズともいえる宇宙マイクロ波背景放射だったのです。

●138億年前のビッグバンの残照

　宇宙背景放射はガモフが、火の玉宇宙論をとなえたときに予想していたもので、宇宙が大爆発によって火の玉状態になったとき（正確には宇宙誕生のビッグバン後38万年）の光が波長の長い電磁波に変わったものだったのです。原始宇宙の残照が宇宙背景放射だったといえます。ビッグバンのときの急激な宇宙の膨張によって光の波が引き伸ばされ、波長がどんどん長くなり、光がマイクロ波帯の波長になって地球から観測できるようになったのです。このマイクロ波のスペクトルは絶対温度に換算して2.725Kで、おおざっぱに3Kとして、「3K宇宙背景放射」などと呼ばれています。この温度にはゆらぎがあって、2.7Kの前後、10万分の1くらいのスケールで温度がまばらに分布しています。このわずかなゆらぎから、宇

宙がどのように大規模構造に進化していったのか、ダークマターとは何か、宇宙は誕生してからどれくらい経っているかといったことがわかると考えられています。

　ペンジアスとウィルソンは、アンテナの試験中に図らずも宇宙背景放射を発見し、膨張宇宙論を不動のものにしたのです。二人はこの業績で1978年にノーベル物理学賞を受賞しています。

　宇宙背景放射は、その後、衛星がいくつも打ち上げられ、詳しく観測されるようになりました。COBE（Cosmic Background Explorer、1989年打上げ、NASA）、WMAP（Wilkinson Microwave Anisotropy Probe、2001年打上げ、NASA）、プランク衛星（2009年打上げ、欧州宇宙機関：ESA）の各衛星が観測しています。

● 電波天文学の創始者ジャンスキー

　もう一人宇宙からの電波を最初にとらえた科学者を紹介しておきたいと思います。それは、アメリカの物理学者カール・ジャンスキー（1905−1950）です。彼もペンジアス、ウィルソンと同じくベル研究所の研究者でした。1930年頃、短波帯の電波の伝播状況を研究しているとき、どこからかノイズが入ってくることに気がつきました。電波強度の変化の周期を詳しく調べると、恒星日（天球における恒星の動き）に一致していることがわかりました。電波は天の川銀河の中心付近のいて座方向から来ていました。

　ジャンスキーは宇宙からの電波を最初にとらえた人物として科学史に名を残しました。電波天文学で電波の強さを表す単位ジャンスキー（Jy）として今も彼の名が残っています。

● マルチメッセンジャー天文学

20世紀半ばから、電波技術の進歩によって可視光にとどまらず電波でも天体を観測できるようになってきて、宇宙の謎が次から次へと解けていきました。

可視光・電波の他、赤外線・エックス線・紫外線、さらには赤外線と電磁波の間の波長（3ミリメートル〜 30マイクロメートル）を持つテラヘルツ波でも宇宙を探っています。またジェイムズ・ウェッブ宇宙望遠鏡は、可視光のセンサーは持たず、赤外線領域の複数の波長（0.6 〜 28マイクロメートル）を使って天体を観測しています。赤外線は可視光が遮られる宇宙の塵の中を透かして見ることができるので、宇宙の誕生の瞬間により近づけるのです。また、ジェイムズ・ウェッブ宇宙望遠鏡は、色のついたまるで可視光で見たかのような天体の写真も公開していますが、あれは、異なる赤外線の波長を、RGBの3原色に見立てて可視化しているのです。実際の色ではありませんが、見たものに色を感じるのは可視光の範囲の波長350 〜 800ナノメートル程度しか知覚できない人間だけであって、宇宙はいろんな波長のエネルギーが飛び交っている世界です。あらゆるエネルギーを観測することで、ほんとうの姿に近づくことができます。

多種多様な電磁波の他、重力波、ニュートリノなどを使って天体を観測することをマルチメッセンジャー天文学と呼んでいます。

4−9

膨張宇宙とダークマター、ダークエネルギー

―― ルービン、パールマッター、リース

● 女性天文学者が渦巻銀河の特異な回転を発見

　銀河の渦の回転について研究していたアメリカの女性天文学者ヴェラ・ルービン（1928−2016）は、1970年代の終わり頃、渦巻銀河の星は、渦巻の中心付近の星も周辺付近の星も、みな同じくらいの速さで回転していることを発見しました。それまでは、星が密集している中心部分の質量が大きく、周辺部分は星が少なく質量が小さいため、中心から離れるに従って動きが遅くなると考えられていました。銀河には目に見える（観測できる）星だけがあったとすると、ニュートン力学に従って運動するはずです。しかし、ルービンの観測によるとそうではありませんでした。

　彼女はどのようにして銀河の星の動きを観測したのでしょうか。ルービンは銀河の後退速度を測ったときと同じドップラー効果を利用して観測しました。天体の光をスペクトル分析すると、光の波長がどれくらいずれているかがわかります。赤色の方にずれていたらその星は私たちから遠ざかっていて、青色の方にずれていたら近づいているというわけです。ルービンは、まず地球に最も近くて明るく見える典型的な渦巻銀河であるアンドロメダ銀河M31の中心か

230

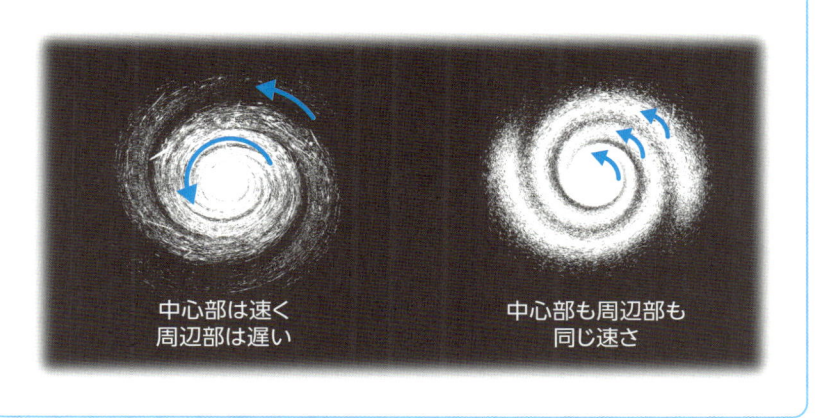

図 4 − 9 − 1 ● 渦巻銀河の回転速度

中心部は速く
周辺部は遅い

中心部も周辺部も
同じ速さ

ら右側と左側の星のスペクトルを観測してみました。すると、中心から離れていても星の回転速度は中心に近いところの星と同じだったのです。

● ダークマター

　周辺部分でも速度が変わらないということは、ニュートン力学に反します。ニュートン力学を信じるなら、渦巻の中に目に見えない（観測できない）なんらかの質量（物質）があるはずだと考えました。

　現代の宇宙論の重要なキーワードの一つ「ダークマター」という概念はこうして生まれました。現在、宇宙には見える（観測できる）物質は 5 ％程度にすぎず、ダークマターが約27％、ダークエネルギーが約68％あると考えられています。ダークマターは日本語では暗黒物質と呼ばれ、ダークエネルギーは暗黒エネルギーとかダークエナジーとも呼ばれます。ダークマターもダークエネルギーも、いくつもの仮説が考えられていますが、その正体はまったくわかっていません。

ダークマターは、なんらかの質量を持つ物質として働くので重力に影響すると考えられています。ただ、これは重力とのみ相互作用をし、他の物質や力とは相互作用をしない物質なので、まったく謎なのです。

　しかし、強力な重力があるところでは、後ろにある天体の光は曲げられ重力レンズ効果を示すので、宇宙全体にある重力レンズ効果を詳しく観測して、ダークマターの分布を調べようという試みが国立天文台のすばる望遠鏡を使って行なわれています。

図 4-9-2 ●
すばる望遠鏡

©Denys

● 謎だらけのダークエネルギー

　宇宙のエネルギーの70％近くを占めるとされるダークエネルギーですが、こちらもダークマターに輪をかけて謎な存在です。ダークエネルギーの存在はどのようにして確認されたのでしょうか。それは宇宙の加速膨張の発見によるものです。

　加速膨張の話をする前に、宇宙の膨張とは具体的にはどういうことかを説明しておきます。宇宙はビッグバンから始まったとされています。宇宙誕生の10のマイナス36乗秒後にはインフレーショ

ンと呼ばれる空間の急激な膨張があったとされています。そして宇宙誕生から10のマイナス34乗秒後には急激な膨張が終わり、宇宙は1000兆度以上という超高温の世界になりました。電子も光子も超高温のため原子としてまとまることができず勝手に飛び交っていました。しかし膨張とともに次第に温度が下がっていき、電子が原子核にとらえられて、原子が作られるようになっていきました。電子が原子にとらえられたおかげで光子は自由に遠くまで飛んでいくことができるようになりました。これが宇宙誕生から38万年後で、超高温の雲に包まれていたような感じの宇宙にあった素粒子が原子を形成することで、私たちの宇宙にある「物質」が誕生したのです。このとき、宇宙の霧が晴れて見通しがよくなったので、この時期を「宇宙の晴れ上がり」という文学的な言葉で表現しています。

　ビッグバンとは、インフレーションが起こって超高温の火の玉となったときをいうのですが、その前のわずかな時間があるのです。とはいっても、インフレーションが始まったのは、宇宙誕生の10のマイナス36乗秒後ですから、「日常感覚」では、「宇宙はビッグバンから始まった」といっても間違いというわけではありません。ただ、この頃の宇宙に「日常感覚」は通用しませんが。

　ではインフレーションが起こるまでのわずかな間、そもそも時間も空間もなかったところになぜいきなり大きな変化が起こったのか。それは今のところまったくわかっていません。今世界中の理論物理学者たちは量子力学と数学を使って、宇宙創成の謎に迫ろうとしているところです。

　仮説の一つとして「真空のエネルギー」（真空のゆらぎという）説があります。ここでいう真空は空気どころか空間すらない場所です。

しかし、量子力学的には何もない場所ではなく、エネルギーがポッと生まれてはパッと消えている「量子的ゆらぎ」のある場所だというのです。ですが、真空のエネルギーがなぜ突然インフレーションを起こしたのか、どんなメカニズムで時空が生まれ膨張していったのかはまったくわかっていません。

ともかく私たちは、ビッグバンの残照である初期宇宙の光を、宇宙マイクロ波背景放射として観測できるわけで、少なくともインフレーションより前のことを除けば、膨張宇宙論は正しいのです。

● 宇宙の未来と過去

宇宙は膨張していって未来はどうなっていくのでしょうか。これも完全に未知です。膨張宇宙に関しては、1.このまま永遠に膨張を続ける、2.あるところまでいくと膨張が止まる、3.あるところまで膨張すると逆に収縮を始めビッグバンの状態に戻る、4.ビッグバンの状態まで戻ると再び膨張を始め、膨張と収縮を無限に繰り返す、などといった説が考えられています。

今のところ、宇宙はこのまま永遠に膨張を続けるという説が支持されているようです。というのも、先にも書きましたが、約60億年前から「宇宙は加速膨張している」ということがわかってきたからです。1998年、アメリカの天体物理学者ソール・パールマッター、ブライアン・シュミット、アダム・リースの3人が、膨張速度が加速していることを発見しました。

ではなぜ巨大な宇宙が加速膨張などできるのでしょうか。その謎を解くために登場してきたのが、ダークエネルギーです。アインシュタインが自らの重力場方程式に、宇宙が収縮してしまわないように

辻褄を合わせた「宇宙項」に相当するものです。宇宙項を付け加えたことをアインシュタインは「人生最大の過ち」と悔やんだといいますが、もしかしたらアインシュタインこそが宇宙の本質を、最初から見抜いていたといえるかもしれません。

　今のところ宇宙は謎の斥力によってどんどん膨張し、永遠に膨張し続けるのではないかと考えられています。人類は宇宙の無限の拡がりを認識し、壮大な時間と空間に圧倒されるばかりです。宇宙観は古代ギリシャ時代の哲学的な宇宙論に戻ったともいえるかもしれません。宇宙論研究の第一人者でインフレーション宇宙論を提唱している佐藤勝彦東京大学名誉教授が言うように、宇宙とは「ウロボロスのヘビ」のようなもので、頭がしっぽを噛んで循環しているようなものなのかもしれません。

核分裂の発見

—— ハーン、シュトラスマン

● 原子核物理学が開いた扉

　20世紀が始まる直前の1900年、プランクがエネルギー量子仮説を発表し、20世紀はニュートン力学を超える新しい物理学である量子力学の登場で幕を開けたといえます。量子力学は物理学だけでなく、半導体などの工業製品にも応用されるようになり、人類の科学技術文明のステージを、一段も二段も上げました。まさにアナログからデジタルへの大転換が起こったのです。量子力学の技術的成果であるコンピュータは、20世紀半ばに登場し社会構造に大変革をもたらしました。

　この素晴らしい時代について述べる前に、もう一つの物理学上の画期的な成果について述べておかなければなりません。それは原子核物理学の負の側面です。この学問は、物質の根源を追究するという純粋に学問的な目的はとりあえず達成しましたが、一方で兵器として利用されるという悲劇を生み出しました。

　1900年頃は、まだ原子がどんな構造をしているのかはっきりとはわかっておらず、さまざまな原子モデルが提案されていました（167ページ参照）。

1898年、イギリスの物理学者アーネスト・ラザフォード（1871－1937）は、ウランから出ている放射線の正体をつきとめました。それはヘリウム原子核からなるアルファ線、電子の流れであるベータ線、そして電磁波のガンマ線でした。1911年、ラザフォードはアルファ線を金箔に当て、散乱のようすを調べていました。ほとんどのアルファ線はそのまま金箔を通過していましたが、数千個に1個くらいは、軌跡が大きく曲げられました。ラザフォードは、原子の中心にはプラスの電気を帯びた何かがあるのだと考えました。アルファ線はヘリウム原子核ですから金の原子核にたまたま近づいたアルファ線が、同じ電荷の反発力で弾き飛ばされたと考えたのです。ラザフォードはこの散乱のようすを詳しく調べて、プラスの電気を帯びている核の部分は原子全体の大きさ（100億分の1メートル）に比して非常に小さいことを明らかにしました。原子核に近づいたアルファ線が勢いよくはね返ってきたのは原子核との間のクーロン力（同じ極性の電気どうしが反発すること）によって反発を受けたからでした。

　このようにして原子の構造がわかってきました。原子は中心に陽子と中性子からできたプラスの電気を持つ原子核があり、その周囲にマイナスの電気を帯びた電子があるという、現在私たちが持っている原子のイメージができあがりました。原子の大きさに比べて原子核は非常に小さく、原子全体の大きさの10万分の1ほどしかありません。例えば東京ドームを原子だとすると、原子核はピッチャーマウンドに置いた1円玉くらいの大きさです。電子は当初は原子核の周りを回っていると考えられていましたが、量子力学が登場して、原子核の周りに確率的に存在するものであると考えられるよう

になりました。

　原子核を構成している陽子と中性子は大きさと質量はほとんど同じですが、陽子はプラスの電気を持ち中性子は電気を持っていません。それで中性子というわけです。陽子と中性子は3個のクォークからできていると考えられています。陽子はアップクォーク・アップクォーク・ダウンクォークでできており、中性子はアップクォーク・ダウンクォーク・ダウンクォークといった組み合わせです。

● 核分裂と連鎖反応

　1938年、ドイツの物理学者オットー・ハーン（1879−1968）、フリッツ・シュトラスマン（1902−1980）、オーストリアの物理学者リーゼ・マイトナー（1878−1968）、オットー・フリッシュ（1904−1979）によって核分裂が発見されました。ハーンとシュトラスマンは、ウランに中性子を照射し、元の元素よりも軽い複数の元素に分裂することを発見しました。

　例えばウラン235が核分裂すると、ウランの半分くらいの原子量を持つ、イットリウム103とヨウ素131（それぞれイットリウムとヨウ素の同位体）の原子に分裂し、同時に余った中性子2個ほど（平均2.5個）が放出されます。この2個の中性子が他のウラン235の原子核にぶつかると、核分裂反応が連続して起こります。これを連鎖反応といいます。核分裂が起こると大きなエネルギーが放出されます。

　ウラン235がイットリウムとヨウ素に分裂したとき、生成された新しい物質を足し合わせた質量が元のウラン235よりわずかに少なくなっています。これを質量欠損といい、アインシュタインの特殊相対性理論（1905年）によって示された質量とエネルギーは

等価であるという公式（$E = mc^2$）にあるとおり、欠損した質量がエネルギーとして放出されるのです。そのエネルギーはTNT火薬の1000万倍にもなります。

　ではなぜこんな莫大なエネルギーが出てくるのでしょうか。それは、陽子と中性子を結びつけている「強い力」や「電磁気力」が解放されるからです。

　「強い力」とは自然界を支配している4つの力である電磁気力・弱い力・強い力・重力のうちの一つ。陽子や中性子の中にあるクォークを結びつけ、原子核の構造を成り立たせている力です。電磁気力の100倍くらいの強さがあるので強い力と呼ばれています。その実態はグルーオン（膠粒子ともいう）という粒子を交換しあうことで生まれていると考えられています。

　核分裂の発見は、原子核物理学研究の必然的結果といえますが、この「質量解放のエネルギー」は、人類に夢のエネルギーを与えてくれたと同時に、使い方を誤れば人類を滅亡させるほどの巨大なエネルギーを手に入れることにもなったのです。

　前者の代表は原子力発電です。核分裂反応を制御しゆっくりと連鎖反応を行なわせることで安定して熱を発生させ、その熱で蒸気タービンを回し発電します。後者は核兵器です。一気に核分裂を行なわせることで、通常爆弾をはるかに超える破壊力を持ちます。不幸なことに、20世紀半ばには、この日本で使用され多くの犠牲者を出しました。これから科学技術はますます発展していきますから、科学技術の探究と同時に科学者の倫理についても考えていかねばならないでしょう。

科 学 技 術 の 歴 史

19世紀	1857年	ガイスラー管で真空放電の実験。
	1859年	プリュッカー、真空放電でガラス管が発光することを確認。
	1875年	クルックス、真空放電で、電気を帯びた粒子の放出を示唆。
	1895年	レントゲン、エックス線を発見。
	1896年	ベクレル、放射線を発見。
	1897年	J・J・トムソン、電子を発見。
	1898年	キュリー夫妻、ラジウムの放射能を発見。
	1898年	ラザフォード、アルファ線とベータ線を発見。
20世紀	1900年	ヴィラール、ガンマ線を発見。
	1900年	ケルビン卿、「物理学は完成した」と言う。
	1900年	プランクの法則発表。量子力学の幕開け。
	1905年	アインシュタインが特殊相対性理論を発表。
	1905年	アインシュタイン、光量子仮説を発表。
	1912年	ラウエ、結晶構造を調べるエックス線回折法を発明。
	1913年	ボーアの原子モデル。
	1915年	アインシュタインが一般相対性理論を発表。
	1919年	エディントン、日食を観測、重力で空間が歪むことを確認。
	1922年	フリードマン、膨張宇宙の可能性を提示。
	1923年	ド・ブロイ、物質波を提唱。
	1926年	シュレーディンガー、波動方程式を提示。
	1927年	ハイゼンベルク、不確定性原理を提唱。
	1927年	ルメートル、膨張宇宙の可能性を提示。
	1928年	ディラック方程式発表。
	1929年	ハッブル、宇宙の膨張を発見。
	1930年	ジャンスキー、天体からの電波をとらえる。電波天文学の始まり。
	1932年	アンダーソン、霧箱の実験で陽電子を発見。

20世紀	1937年	マヨラナ、マヨラナ粒子を予言。
	1938年	ハーンら、核分裂を発見。
	1948年	ガモフの火の玉宇宙論。
	1948年	ホイル、定常宇宙論。
	1964年	ペンジアスらが宇宙背景放射を発見。
	1967年	グラショウらが標準理論発表。
	1970年	ヴェラ・ルービン、渦巻銀河の回転速度が、中心部も周辺部も同じことを発見。
	1998年	パールムッターら、宇宙の加速膨張を発見。
21世紀	2016年	アメリカの重力波望遠鏡が重力波を観測。

世 界 の 出 来 事

20世紀	1914年	パナマ運河開通。
	1914年	第一次世界大戦始まる。
	1917年	ロシア革命。
	1922年	ソビエト連邦設立。
	1929年	世界恐慌始まる。
	1934年	ヒトラーがドイツ総統就任。
	1939年	第二次世界大戦始まる。
	1960年	ベトナム戦争始まる。1975年終結。
	1960年	ビートルズ結成。
	1963年	部分的核実験停止条約調印。
	1963年	米ケネディ大統領暗殺。
	1991年	ソビエト連邦崩壊。

日 本 の 出 来 事

20世紀	1904年	日露戦争始まる。
	1933年	日本、国際連盟脱退。
	1937年	盧溝橋事件。日中戦争始まる。
	1941年	真珠湾攻撃。太平洋戦争始まる。
	1945年	終戦を迎える。
	1946年	日本国憲法発布。
	1959年	皇太子様御成婚を機にテレビ受像機が普及し始める。
	1960年	日米安全保障条約改定。
	1964年	東海道新幹線開業。
	1964年	東京オリンピック開催。
	1970年	日本初の人工衛星「おおすみ」の打ち上げ成功。
	1970年	大阪万国博覧会開催。
	1994年	国産液体燃料ロケットH−II開発。

第 **5** 章

情報科学と
コンピュータの発達

―― 20 世紀後半

5−1 トランジスタの発明・半導体集積回路の発達

—— ショックレー、バーディーン、ブラッテン

● 3本足の半導体スイッチ

　20世紀前半は物理学の大飛躍の年代でした。後半はさらに加速しました。物理学・量子力学を工学的に応用した技術が猛烈な勢いで発展していったのです。そして、電力は照明や動力だけでなく、より高度な利用へと進んでいきます。それがデジタル技術です。ハードウェアとしてコンピュータが登場し、それを動かすソフトウェアが発明されました。ソフトウェアは目で見ても単なるアルファベット・数字・記号の羅列ですが、これがコンピュータに生命（いのち）を吹き込むのです。

　明治の初め頃に世界中で発電所が設置され始め（1882年、エジソンが火力発電所開設）、照明がランプやロウソクから電灯に代わっていきました。また、工場などの動力も電気モーターが使われるようになり効率が格段に向上しました。

　20世紀の半ばから電気の利用はまさに革命的変換を遂げました。トランジスタの発明により、半導体の利用が実現したのです。半導体はそれまでの真空管と違って、全固体なので、故障しにくく消費電力が小さく小型化が可能でした。半導体はラジオ信号の復調（検

波）や電力の増幅に欠かせないものです。トランジスタが登場した1950年代頃から、それまでの真空管式ラジオが続々とトランジスタ方式に代わっていきました。

　真空管といっても世代によってはイメージできない方もいるかと思いますので、簡単に説明しておきます。真空管は内部を真空にしたガラスのチューブの中に電極を入れたものです。これまで説明してきた真空放電を行なうガラス管と基本的には同じ構造です。

　代表的な真空管である三極真空管の構造は次のようなものです。

　カソード・グリッド・プレートと3種類の電極があって、ヒーターが熱せられると、カソード（陰極）から電子が飛び出しプレートへ飛んでいきます。グリッドにかける電圧の大きさによって、飛んでいく電子（電流）をコントロールします。この機能を使うと、電流のオンオフを制御できるのでスイッチのように使うことができます。

図 5-1-1 ● 真空管ラジオの内部

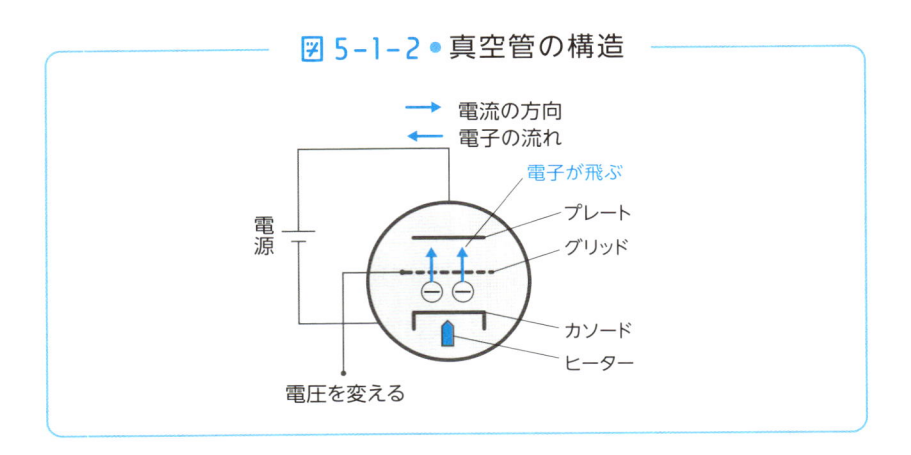

図 5-1-2 ● 真空管の構造

→ 電流の方向
← 電子の流れ

電子が飛ぶ

プレート
グリッド
カソード
ヒーター

電源

電圧を変える

　真空管からトランジスタに代わったことで、時代はまた一段レベルアップしました。トランジスタを多数集積した集積回路（IC：Iintegrated Circuit）が作られるようになり、コンピュータが登場したことで社会が大きく変わったのです。コンピュータは人間よりもはるかに速く計算ができるので、さまざまな情報処理に使われるようになってゆき、テキストだけでなく画像や動画の処理もできるようになっていきました。プログラミングによって作られるソフトウェアは、人が持つあらゆるアイデアをコンピュータで実現できるようになりました。プログラミングは、20世紀半ば以降に登場した最も革命的な技術です。しかも、プログラミングは、小規模なサイズのものなら個人でも作成できます。これは非常に重要な点です。個人の知が集まって巨大な集合知を作り、それまでなかったような技術・文化・思想を作り上げていくことができるようになったのです。

● トランジスタはどのようにして誕生したのか

　科学技術史上極めて重要な発明であるトランジスタはどのようにして誕生したのでしょうか。トランジスタは1947年、アメリ

カの巨大通信会社 AT&T 傘下にあったベル研究所のウィリアム・ショックレー（1910−1989）、ジョン・バーディーン（1908−1991）、ウォルター・ブラッテン（1902−1987）が発明しました。

　1947年、バーディーンとブラッテンは点接触型のトランジスタを作りました。点接触型とは半導体として作用する単結晶・高純度のゲルマニウムに電極を2本つけたもので、電極の細い針金が接していましたから点接触型と呼ばれています。ゲルマニウムの基板をベース電極といい、ここに接触させた2本の接点がエミッターとコレクターです。ベースとエミッターに電流を流すと、ベースとコレクターの間に大きく電流が流れることを二人は発見しました。

図 5−1−3 ● 点接触型トランジスタの仕組み

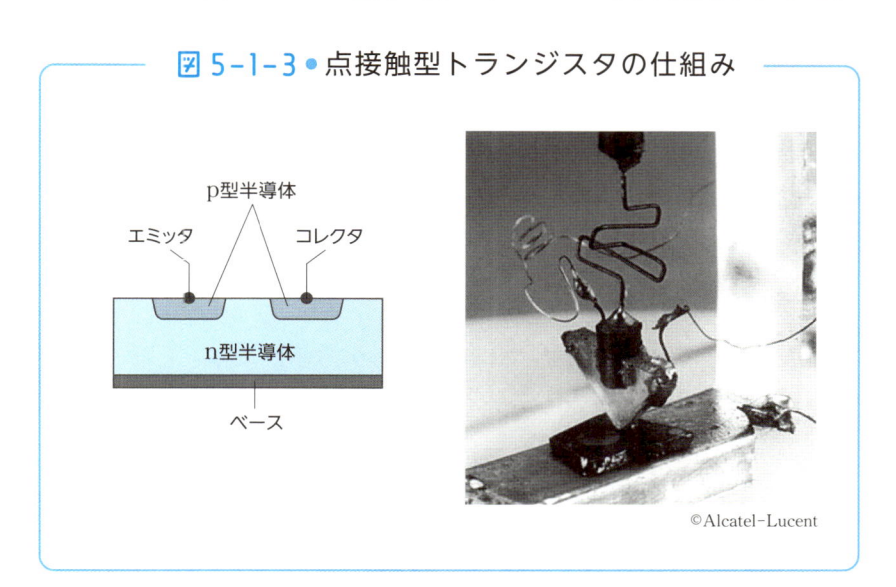

©Alcatel−Lucent

　最初にベル研で、バーディーンとブラッテンが、点接触型のトランジスタの実験をしたとき、たまたまショックレーはその場にいなかったそうですが、二人の報告を受けたショックレーはものすごく興奮し、より安定して作動する面で接触する接合型（半導体材料を

貼り合わせて一体化したもの)のトランジスタを作りました。接合型は故障が少なくて寿命が長く、製造しやすいのであっという間にラジオなどの電気製品に使われるようになっていきました。トランジスタの発明によって、この3人は1956年にノーベル物理学賞を受賞しています。原理の発見からたったの9年での受賞です。いかにこの発明が大きなインパクトを持っていたかがわかります。

図5-1-4 ● 接合型トランジスタ

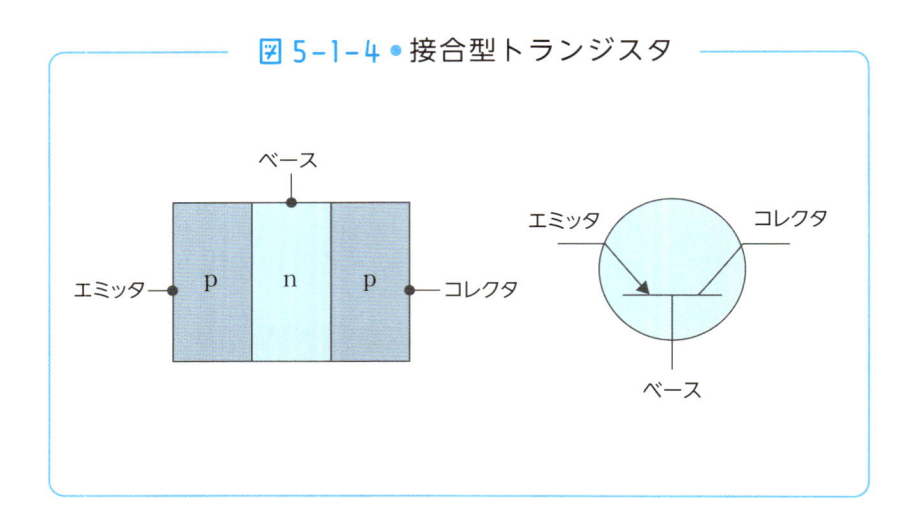

トランジスタは発明されてほどない1950年代には、日本でも東京通信工業(現在のSONY)がトランジスタの製造に成功。1955年に国産初のトランジスタラジオ(TR−55)として商品化しました。小型・軽量で故障しにくく低消費電力という特長を持ち、バッテリーで動くのでどこへでも持ち歩ける小型ラジオは大ヒットしました。

　1956年には、当時SONYの研究者だった江崎玲於奈博士が、半導体研究の過程で量子力学的現象である半導体のトンネル効果を発見。エサキダイオード(トンネルダイオード)として商品化されました。トンネル効果とは、普通は電子が乗り越えることができないポ

テンシャルエネルギーの壁を量子の波動性によってすり抜けることをいいます。エサキダイオードは動作が速く、高周波の扱いに優れていたので、その後、通信機など幅広い分野で使われるようになりました。江崎博士は1973年、半導体のトンネル効果の発見により、ノーベル物理学賞を受賞しています。

● 半導体をスイッチとして使う

半導体は真空管に代わるものとして登場し、信号の検波や増幅に使われていましたが、電流のオンオフを電圧の変化によってスイッチングすることができるため、次第にデジタル回路で使われるようになりました。トランジスタはいくらでも小さくできるので、トランジスタをシリコン基板の上に大量に並べた集積回路が作られるようになりました。これがICで、時代が進むとともにどんどん集積度が上がり、LSI（Large Scale Integrated circuit）やVLSI（Very Large Scale Integrated circuit）などという言葉が生まれてきました。現在の集積度は非常に高くなり、多いものでは1つのチップに数百億から数千億個以上のトランジスタが入っています。

集積回路の配線間隔は毎年のように狭くなり、LSI黎明期の1970年代にはプロセスルール（製造する際の配線間隔を表す）が10マイクロメートル（1マイクロメートルは1メートルの100万分の1）程度だったのが、現在（2024年）は2ナノメートルを下回り、さらに微細化されようとしています。原子の大きさ（直径）が約0.1ナノメートルなので、原子の大きさに近づきつつあるということです。

集積度の歴史には、ムーアの法則というものがあります。これは米インテル社の創業者で技術者のゴードン・ムーア（1929－2023）

が、1965年に半導体の集積度は1年で2倍になるとある講演会で発表し、実際そのとおりになっていったので、ムーアの法則として知られるようになりました。その後1年半で2倍になるとか、2年で2倍になるなど、いろんなバリエーションが出てきましたが、もともと「だいたい2倍」という意味での使い方で厳密なものではありません。しかし、現在に至ってもほぼこの予測は当たっているといえます。

　それほどに集積度の向上というのは大切なことなのです。集積度を上げると、流れる電流を小さくできるので省エネになります。また発熱も少なくなり、結果として処理速度を上げることができるのです。

　現代社会に欠くことができないデジタルインフラは半導体のおかげで成り立っており、その始まりが、トランジスタの発明だったのです。

5-2

レーダーの発明、アンテナの発達、マグネトロン

—— 八木秀次

● 電波の活用とレーダーの発明

　1896年にマルコーニが無線通信技術を実用化し、世界の距離をぐっと縮めました。電波技術はラジオ放送・テレビ放送と進化し、通信は短波帯（HF帯）から超短波帯（VHF帯）・極超短波帯（UHF帯）へと、より短い波長（高い周波数）の電波を使うようになっていきました。現在私たちが日常的に使っているスマートフォンは、一部でミリ波帯（30〜300GHz、波長10〜1ミリメートル）の電波（日本では5Gで28GHz帯を使用）を使うようになっています。さらに第6世代移動通信システム（6G）では、テラヘルツ帯（100GHz〜10THz、波長3ミリメートル〜30マイクロメートル）の電波を使うことも計画されています。

　電波は最初は音声通信や放送への利用から発達してきましたが、それだけに使われているわけではありません。電波は次第に高い周波数（短い波長）が使われるようになっていきました。それには理由があります。周波数が高くなるほど、伝送できる情報量が多くなるのです。アメリカの情報工学者で数学者のクロード・シャノン（1916－2001）が提示した「シャノンの定理」が示すように、伝送

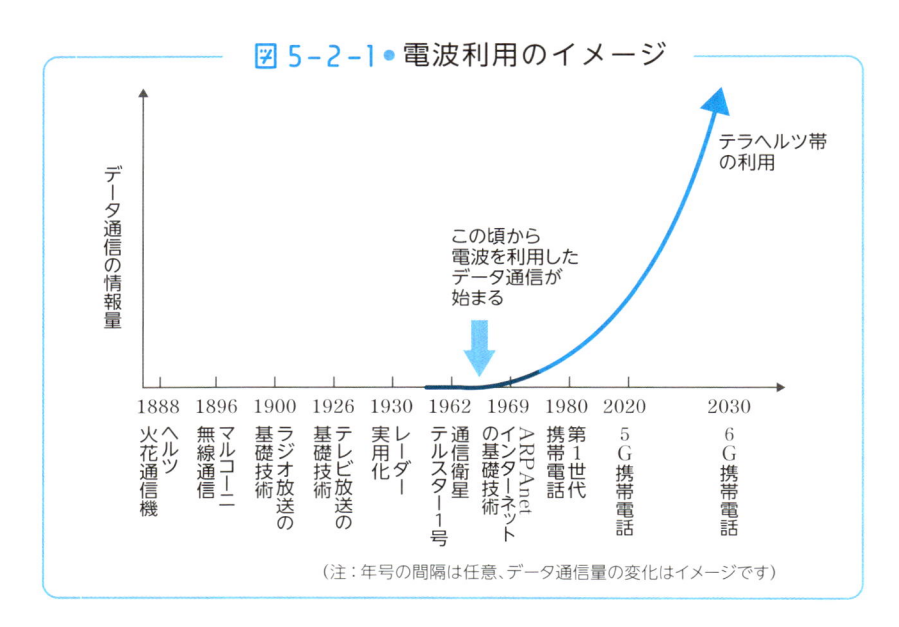

図 5-2-1 ● 電波利用のイメージ

縦軸：データ通信の情報量

テラヘルツ帯の利用

この頃から電波を利用したデータ通信が始まる

| 1888 | 1896 | 1900 | 1926 | 1930 | 1962 | 1969 | 1980 | 2020 | 2030 |

1888 ヘルツ火花通信機
1896 無線通信
1900 マルコーニ
1926 ラジオ放送の基礎技術
1930 テレビ放送の基礎技術
1962 レーダー実用化
1969 通信衛星テルスター1号
1980 ARPAnetインターネットの基礎技術
2020 第1世代携帯電話
2030 5G携帯電話 / 6G携帯電話

(注：年号の間隔は任意、データ通信量の変化はイメージです)

できる情報量（ビット毎秒）は、周波数帯域幅と「電力とノイズの比（S/N比）」によって決まるというものです。高い周波数ほど単位時間あたりの波の数（振動数）が多いので、多くの符号(0,1)が書き込めるからです。

　電波は光と同じような波であり物体に当たると反射してはね返ってきます。また、光と同じように回折や散乱をします。1873年にマクスウェルが電磁波の理論を完成し、1888年にヘルツが実験によって実際に電磁波が存在することを証明しました。ヘルツが実験で確かめた電磁波は、マクスウェルが予言したとおり、光と同じように反射・回折・散乱する性質を持っていました。この反射を利用すれば物体を検知できるのではないかと当時の人は考えました。無線電信技術の発明者マルコーニは、1922年には電波の反射を使って離れたところにある船舶を探知する方法を提言していたといいます。

レーダーは電磁波の反射を利用して、アンテナから発射した電波が反射して戻ってきた時間から距離を、また電波を発射する向きから対象物の方向と位置を検知するものです。電波の反射を利用して対象物との距離を測ることができることに、最初に気づいたのは、軍に所属する技術者でした。電波の反射で敵の艦船や航空機の位置をつかむことができれば、戦いを有利に進めることができるというわけです。アメリカでは、第一次世界大戦の頃から研究を始めて、1930年頃には実用になるレーダーを完成させていました。

日本では1930年頃から陸軍と海軍が別々に軍用レーダーの研究を始め、第二次世界大戦の頃には、性能は米英のものに劣るものの、実用になるレーダーが開発され、敵爆撃機の編隊を遠くからとらえて空襲警報が出されていました。当時のレーダーは、距離と方位のみ探知でき、高度を知ることはできませんでした。それでも、単機なら130キロメートル、編隊なら250キロメートル先まで探知できたといいますから、実用性は十分とはいえないまでも、遠くにいるうちに位置を知ることができるため、迎撃態勢を整える時間はあったといえるでしょう。

● 八木博士が発明した八木アンテナ

レーダーはパルス状の電磁波を短周期で発射し、対象物に当たってパルスが戻ってきた時間から距離を求めています。方位を知るために、パラボラアンテナや八木アンテナなど、指向性の鋭いアンテナをくるくると回転させて受信します。アンテナの回転速度やパルス間隔によって違いますが、ターゲットの反射波は数秒から数十秒に一度、スクリーンに表示されます。使用している周波数は、第

二次世界大戦の頃は波長の長いメートル波を用いていました。周波数にすると200MHzあたりです。現在のレーダーは、Lバンド（1GHz帯）、Cバンド（5GHz帯）、Xバンド（9.7GHz帯）、Sバンド（2.8GHz帯）といった高い周波数の電波が使われています。近年は、自動車にも衝突防止のための測距レーダーが搭載されていますが、これらは数十センチメートルから数メートルという近距離を測るため一般のレーダーよりも高い周波数帯（60/76/79GHz帯）を使用しています。

　周波数は、レーダーの用途や性能と関係があります。低い周波数の電波は波長が長いので、遠くまで届きます。しかし、解像度が悪くなります。逆に波長の短い電波は、解像度はいいのですが、大気中での減衰が大きく遠くまで届きません。

　レーダーアンテナの発明者は日本人です。昔は（今も少しありますが）家の屋根の上にサカナの骨のようなテレビ放送受信用のアンテナをよく見かけました。あれが八木アンテナで、指向性が強いのが特徴です。指向性が強いと、遠くから発信される弱い電波を増幅して受信することができます。また送信に使うとビームを絞って目標に向けて強い電波を送ることができます。

　八木アンテナを発明したのは、東北帝国大学の八木秀次（1886－1976）と宇田新太郎（1896－1976）です（1924年発明）。このアンテナは二人の名前をとって八木宇田アンテナとも呼ばれています。発明のきっかけは当時東北帝国大学の学生だった西村雄二です。彼はコイルの性能を調べるために、電磁波を発生させたときに、アンテナの周りに置いてあるコイルにどのような電流が流れるかを調べていました。そのとき、コイルを特定の場所に置くと大きな電流が

流れることに気がつきました。八木と宇田がこの現象を詳しく調べたところ、アンテナの金属棒の長さと間隔に関係があることがわかりました。周波数に合わせて長さを調整し、共振する長さになったときに大きな電流が流れました。つまりそこでアンテナの感度がよくなっていたのです。八木アンテナは高い周波数の電波で非常に良好な指向性を示したため、テレビ放送の他、遠距離通信でも使われるようになっていきました。

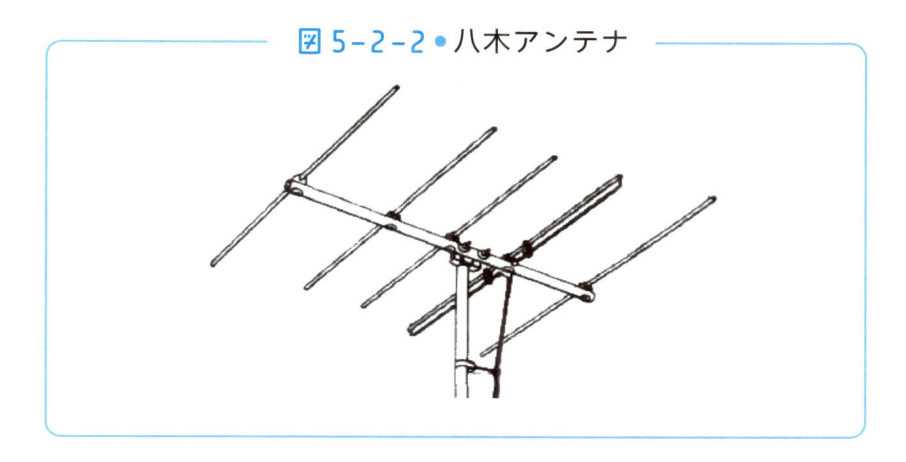

図 5-2-2 ● 八木アンテナ

八木アンテナのもう一つの用途として、軍事利用がありました。当時は、国際関係の不安定な時代で、軍事技術の高性能化が求められていました。軍は早速八木アンテナの強い指向性性能に注目し、レーダーアンテナとしての利用が行なわれるようになっていったのです。八木アンテナは、比較的小型だったため、航空機に搭載されるレーダーのアンテナとしても用いられました。

　レーダーを実用化するための技術として、電波の入り口と出口になる八木アンテナの他に、レーダーが必要とする高い周波数の電波を作り出す発信機の開発が必要でした。AM放送やFM放送などで

使っている周波数の低い電波と違い、レーダーで用いる波長の短い電波を作り出すときは、真空管の一種であるマグネトロンという装置を使います。マグネトロンは1920年頃、米ゼネラル・エレクトリック社のアルバート・ハル（1880－1966）によって発明されました。1924年には、チェコスロバキアのオーグスト・ジャチェク（1886－1961）やドイツのエリッヒ・ハバン（1892－1968）が最大1GHzの電波を発振できるマグネトロンを発明。続いて1927年には東北帝国大学の岡部金次郎（1896－1984）が10GHzの電波を出せるマグネトロンを発明しました。マグネトロンと八木アンテナの発明によって、レーダー技術は格段に進歩していきました。

図 5-2-3 ● マグネトロンの断面

©HCRS Home Labor Page

　レーダー技術の最初の利用が戦争というシーンであったことは悲しいことですが、レーダーによって、いち早く敵機の来襲を知り防空壕に逃げ込むことで多くの人命が助かりました。

● 航空関係で活躍するレーダー

　レーダー技術は、第二次世界大戦前後から急速に進歩していきました。半導体の登場・エレクトロニクス技術の大きな進歩と相まって、強いニーズがあったからです。最大のニーズは航空管制用レーダーです。空のトラフィックの増加とともに、多くの飛行機を、安全間隔を保って効率的（燃料と時間を無駄にしないということ）にフライトさせるためにレーダーは欠かせないものとなっていきました。航空管制用レーダーには、航空路管制・空港管制・地上管制があり、航空路管制レーダーには航空路監視レーダー（ARSR：Air Route Surveillance Radar）・洋上航空路監視レーダー（ORSR：Ocean Route Surveillance Radar）があり、航空路が設定されている高高度の管制を行なっています。飛行場管制用には空港監視レーダー（ASR：Airport Surveillance Radar）・空港面探知レーダー（ASDE：Airport Surface Detection Equipment）があります。空港監視レーダーは空港の周辺60マイルを対象として、飛行場での離着陸を行なったり、離着陸に引き続く飛行（出発管制・進入管制）を監視します。これらのレーダーは回転する指向性アンテナから1GHz帯/2.7GHz帯のパルス波を発信し、対象物に反射してきた電波から目標を捉えます。アンテナの回転数はARSRで毎分6回、ASRで毎分15回です。

　レーダーは、昔はただ反射波をそのまま捉えてレーダースクリーンに映すだけでしたが、それでは、大きな飛行機か小さな飛行機か、また何機いるのかがわかりません。また、高度情報についてもわかりません。そのため、航空機の方に地上のレーダーからの問いかけ信号を受けると飛行データを送り返すトランスポンダーという装置

が搭載されています。前者を 1 次レーダー、後者を 2 次レーダーといいます。送り返された信号は、コンピュータで解析され、管制に必要な飛行データ（便名・高度・速度・上昇降下率など）を整理して、レーダースクリーンに表示します。

　先ほどレーダーアンテナの回転数に触れましたが、今は小さなアンテナを何個も並べることで、アンテナを回転させなくても、各アンテナに入る反射波の位相差から方位を知ることができるフェーズドアレイアンテナが登場しています。機械的な回転がないので、故障しにくく高速スキャンができるという特長があります。イージス艦の艦橋の横についている平面形のレーダーアンテナがフェイズドアレイレーダーです。また戦闘機の機種部分のレドームの内部にはターゲットを捉えてミサイル発射のコントロールを行なう火器管制用レーダーが入っています。可動部分がないので高荷重に強く高速スキャンができるので高速で飛ぶターゲットに素早く照準を合わせることができる、コンピュータで処理することで多機能な処理を行なうことができるといった特長があります。

● レーダーの平和利用

　私たちの日常生活の周りにも、さまざまなレーダーがあります。代表的なものが気象レーダーです。気象レーダーは雨粒や雪などに当たった電波（5 GHz帯/9.7GHz帯）が反射してきた電波から、雨・雪の量（雨・雪の強さ）と距離を測るものです。高度についてはアンテナの仰角を変えながらスキャンすることで検知しています。

　気象レーダーは、ドップラーレーダーの機能も持っています。ドップラーレーダーは、ドップラー効果を利用したもので、雨粒の動き

から上空の風向・風速を知ることができます。

　このようにレーダー技術が進歩し、精密なレーダー監視ができるようになっていきました。

　現在は、宇宙空間や航空機から、電波やレーザーによる観測で、地上の高低差や植生を精密に観測するリモートセンシングの技術によって作成した3Dマップが作られています。リモートセンシングはレーダーの新しい使い方の一つといえるでしょう。3Dマッピングは地球だけではありません。NASAは月や火星においても作成しており、将来人間が月や火星で活動する基地を作る際に役立てようとしています。

5-3 科学技術を一変させた レーザーの発明

── タウンズ、ショーロー

● レーザーの発明

第二次世界大戦が終わるとともに、科学技術が劇的に発達していきました。もはやステージが異なるといっていいような大転換でした。世界各国が、良くも悪くも戦争に勝つために必死で科学技術力を高めていったということもあるでしょう。そして、戦争が終わり平和な時代になったことで、戦争中に芽が出た新技術をビジネスに活かそうと考え、今度は経済競争を目的として科学技術を発展させていったのです。

科学技術の革命的転換を起こしたのは、トランジスタ・コンピュータ（ハードウェア）・情報技術（ソフトウェア）の発明です。これらの技術が社会をアナログからデジタルに転換していきました。そしてもう一つ世の中を大きく変えていった技術があります。レーザーです。

レーザー（LASER）はLight Amplification by Stimulated Emission of Radiationの頭文字をとって作られた造語で、日本語にすると「誘導放出による光増幅放射」となります。誘導放出とは電子に光を当てると、電子がエネルギーを得て高い軌道に移り、引

き続いて元の軌道に戻る際にエネルギーを光として発する現象です。このエネルギーの放出をコントロールすることでレーザー光を得ることができます。

　レーザー光は、単色光（周波数が一定）であること、波長と位相のそろった（コヒーレントな）光であること、指向性が強く減衰が少ないといった特長があります。また、可視光の帯域を挟んで赤外線から紫外線・エックス線まで幅広い波長のレーザー光を作り出すことができます。

　史上初のレーザーを実現したのは、アメリカの物理学者チャールズ・タウンズ（1915−2015）です。1954年、アンモニアガスを利用して誘導放出を行ない、マイクロ波（1.25GHz）の電磁波を出すことに成功しました。この装置は、光より波長の長いマイクロ波を出すため、Microwave Amplification by Stimulated Emission of Radiationの頭文字をとってメーザーと呼ばれました。タウンズとともに、同じベル研究所の物理学者アーサー・ショーロー（1921−1999）もレーザーの基礎研究を重ね、1960年、ついにセオドア・メーマン（1927−2007）（アメリカの物理学者）によってルビーレーザーが開発されました。694.3ナノメートルの赤い光を出す初の固体レーザーでした。タウンズは1964年に、ショーローは1981年にノーベル物理学賞を受賞しています。

　レーザーには、誘導放出させる媒体によって、固体レーザー・ガスレーザー・液体レーザー・半導体レーザーなどがあり、用途によって使い分けられています。

　レーザーは次のような用途で発展していきました。レーザー加工・医療（レーザーメス、がん治療）・精密な測定（物の形状など）・

リモートセンシング（航空機などからの地表の精密測量など）・レーザーライダー（レーザーを使ったレーダー）などです。またレーザーを分光に使うことにより物質のスペクトルを詳細に測定することができます。レーザーの非線形効果（強い電場が持つ特殊な効果）を利用した高次の分光分析などもあげられます。また次世代エネルギーとして研究が進んでいる核融合炉の熱核融合を行なわせる高温・高圧を得るためにレーザーを用いる方法が研究されています。これとは反対に、レーザーで絶対零度近くまで冷却するレーザー冷却の技術もあります。これは物質に四方八方からレーザー光を当てて圧縮し、分子や原子の運動を止めて、熱力学的に温度をゼロに近づける技術です。この他、身近なところではCDやDVDのデータを呼び出す光源としてもレーザーが使われています。

● レーザーの最大の功績は光通信

　レーザー技術の最大の成果はデジタル通信の超高速化・超高度化です。通常の光源はさまざまな色の混じった白色光で、照明に使うにはレーザー光より太陽光に近いので便利ですが、それ以外の用途には向いていません。ところがレーザー光は、波長と位相が一定のため通信用に使うことができます。空気中では空気分子に邪魔されて進む距離は小さいのですが（出力を増すほど遠くまで届く）、媒質を変えると非常に安定して遠くまで届きます。この性質を利用したものが光ファイバーです。光ファイバーは屈折率の異なる石英ガラスの二重構造になっていて、光ファイバーの中に発射されたレーザー光は内部で全反射を繰り返しながら遠くまで伝わります。

　レーザーの発明は、光ファイバーの発明につながり、現代の超高

度化されたデジタル通信網の構築に役立っています。

● 光ファイバーならではの超高速伝送

　レーザー光を通す媒体が光ファイバーです。街を歩いていてちょっと見上げると、電柱にたくさんのケーブルが張られているのが見えます。昔は電力線と電話線くらいでしたが、現在は非常に多くのケーブルを目にすることができます。これらの多くが光ファイバーケーブルです。通信会社によって、青、赤、緑などに色分けされています。光ファイバーは、インターネットを始めとして、現代社会の通信インフラとして欠かせないものになっています。

　光ケーブルの中に125マイクロメートルほどの太さの石英ガラスを素材とする光ファイバーが入っています。この細い光ファイバーの中を光が伝わっていきます。光ファイバーはコアと呼ばれる中心部とクラッドと呼ばれるコアを覆う部分の二重構造になっていて、コアの方がクラッドよりも少しだけ屈折率が大きい材料となっ

図5-3-1 ● 光ファイバーの中でのレーザー光の伝わり方

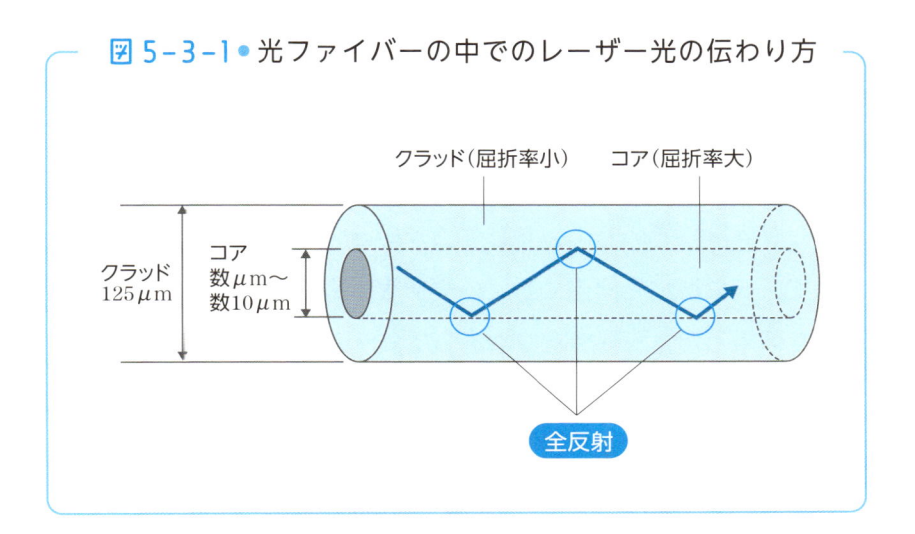

ています。そのため光は、コアとクラッドの境界面で反射して伝わって
いきます。材質は石英ガラスで、通す光は波長1550ナノメート
ルの赤外線レーザーが標準です。なぜこの波長かというと、この光
が最も遠くまで伝わるからです。この光が光ファイバーケーブルの
中を進んでも、減衰が少ないのです。実際の運用では途中に信号を
増幅する中継器を数十〜数百キロメートルごとに入れています。

　光ファイバーの基本的なものはシングルモードといって、一つの
波長の光を通すやり方ですが、この方式では高速化に限界があるの
で、1本の光ファイバーの中に、波長の異なる光を複数個入れる波
長分割多重（WDM：Wavelength Division Multiplexing）という
方式や特殊な変調方式を使うことで伝送速度を上げています。

　伝送速度は基幹回線用光ファイバーで23ペタビット毎秒にも
なっています（出典：NICTプレスリリース、2023年10月5日）。
ペタは1000兆倍を表す接頭語で、1000テラバイト＝1ペタバイ
ト。1テラバイトのハードディスクやSSDに入っているデータを
2万分の1秒ほどで伝送できる速度です。

　光にこれほど大量のデータを乗せることができるのは、まさに
レーザー光があればこそです。まさに光ファイバーはコンピュータ
と並んで20世紀後半を代表する革新的技術の一つなのです。コン
ピュータは計算そのもの、そしてコンピュータをネットワークでつ
ないで、その能力を何倍にも、いや無限に高めたのが光ファイバー
などを活用したネットワークなのです。

　光ファイバーにはガラスを使ったものの他、プラスティックを
使ったものもあります。透明度がガラスほどよくないので、近距離
用の低コストな光ファイバーとして家庭用電気製品などコンシュ

マー用途で使われています。

● 光ファイバーの発明

　では、光ファイバーはいつどのようにして発明されたのでしょうか。

　水の屈折率は空気よりも大きいので（水は1.333、空気は1.0）水の管を通った光の多くは水の中を通るため、水の流れが変わると光の進路も変わります。光ファイバーの原理を説明するときに用いられるのが、Colladon's "light fountain"（コラドンの泉）です。ジャン・コラドン（1802－1893）が1842年に提案したもので、水の流れに光を入れると、光は流れに沿って走るという実験です。ティンダル現象（光の波長程度の微粒子がたくさん浮かんでいるところに光を当てると、光が散乱し光の通路が見える現象）の発見で知られるイギリスの物理学者ジョン・ティンダル（1820－1893）も、同様の実験を行ない、屈折率の違う媒体の中では光が全反射しながら進むことを示しました。

　その後、人体内部を外から見る胃カメラ（内視鏡）などにこの原理が利用されるようになっていきました。そして1960年代になって通信にも使えることがわかってきたのです。

　通信用の光ファイバーを初めて開発したのは、イギリスのスタンダード・テレコミュニケーション・ラボラトリーズの物理学者チャールズ・カオ（1933－2018）とジョージ・ホッカム（1938－2013）です。1966年のことです。1970年にはアメリカのコーニング社が透明度の高い光ファイバー向けのガラスを開発し、本格的な光ファイバーの時代が始まりました。カオは2009年にノーベル物理学賞を

受賞しています。

　光ファイバーの実現に貢献した日本の研究者も忘れてはなりません。「光通信の父」と呼ばれる、光ファイバー研究の第一人者である東北大学の西澤潤一（1926－2018）です。カオらに先駆けて光ファイバーを発明していたのですが、国がその凄さに気づかなかったため、研究が止まったといいます。その当時の政府の役人がもう少し優秀であったなら、西澤博士は間違いなく光ファイバーと半導体レーザーの発明でノーベル賞を受賞していたことでしょう。

図 5－3－2 ● 西澤潤一

© 日本学士院

5-4

計算機理論の登場

── チューリング、ノイマン、シャノン

● コンピュータの原理の発明── チューリング

　20世紀後半に起こった情報技術・情報科学の「大爆発」。これが社会をドラスティックに変えていったわけですが、その最初のきっかけを作ったのがアラン・チューリング（1912－1954）です。チューリングは、イギリスの生んだ天才数学者で、第二次世界大戦中に、絶対に破れないとまでいわれた強固な暗号であるドイツのエニグマ暗号を解読したことで知られています。

　またチューリングは現在のコンピュータの基本原理を考え出した人物でもあります。それがチューリングマシンで、1936年にチューリングが提案した仮想機械です。

　チューリングマシンには、紙テープとそこに記された記号を読み取ったり書き込んだりするヘッドがついています。紙テープは順方向にも逆方向にも動きます。記号を読み書きする手順は、紙テープに記入されている「・（1）」という記号を読み取り記録し、次に「・・（2）」という記号を読み取る。紙テープに書かれた計算手順のうち「add（＋）」を選べば、答えは「・・・（3）」となり、それをテープに書き戻す。入力された情報を、あらかじめ決められたアルゴリ

ズム（計算手順）によって計算し、結果を出力する。という仕組みです。紙テープに記された計算手順は変更することもできます。

図 5 – 4 – 1 ●
チューリングマシンモデル

このようにチューリングマシンは、「入力→処理（アルゴリズム）→出力」といった現在のコンピュータの基本原理を提示しています。さらにいえば、アルゴリズム（プログラム）を変えることで、さまざまな計算処理ができる、まさにノイマン型と呼ばれる現在のコンピュータそのものともいえます。ノイマン型とは、逐次プログラム計算型のコンピュータのことで、コンピュータに内蔵されたプログラムに指示された手順に基づいて順番に計算していくコンピュータです。このプログラムは、ユーザーが変更することもできます。つまり内蔵するプログラム次第で何でもこなせる汎用性を持ったコンピュータとなっています。

● 数学の天才ノイマン

ノイマン型コンピュータのアーキテクチャを考案（1947年）したのは、情報科学の世界においてチューリングと並び称される天才ジョン・フォン・ノイマン（1903－1957）です。ノイマンはハンガリー生まれのアメリカの数学者で、数学の他、物理学・計算機科学・ゲーム理論などで輝かしい業績を残し、アメリカの原爆開発プロジェクト「マンハッタン計画」にも参加したことで知られていま

す。ノイマンは数学というツールを用いてあらゆる分野で先進的な成果を残した天才です。

　チューリングやノイマンが20世紀半ば、計算機科学の基本的なアーキテクチャを立ち上げ、その後の発達の礎となったのです。エニアックから始まる、近代コンピュータの歴史につきましては前（25ページ）に書いてあります。

● 情報理論の旗手シャノン

　コンピュータは0と1の2つの記号で計算する二進数で計算する計算機です。二進数を使って論理計算ができることを始めて示したのが、アメリカの情報工学者で数学者のクロード・シャノン（1916－2001）です。1938年に「リレーとスイッチ回路の記号論的解析（A Symbolic Analysis of Relay and Switching Circuits）」という論文を書いて、二進数でデジタル方式の計算ができることを示しました。これが、現代のコンピュータの基礎的な発明とされています。ただ、日本にも当時すでに同様の研究をしていた研究者がいました。日本電気でリレー回路の研究をしていた中嶋章（1908－1970）です。彼はシャノンより数年早い1935年に同様の理論を発表していました。

　シャノンは1948年に「通信の数学的理論（The Mathematical Theory of Communication）」という論文を発表し、これによって現代の情報理論が確立しました。デジタル情報の符号化、データ圧縮、誤り訂正、通信で送れる情報量の限界など、コンピュータや通信ネットワークで情報を伝送する場合の「すべて」の概念をシャノンが確立したのです。

宇宙開発技術の進展

―― 糸川英夫、フォン・ブラウン

● ペンシルロケットから始まった

　1955年4月12日、東京都国分寺市の地下発射場で、全長23セ
ンチメートルの小型ロケットが発射されました。水平に飛ばしまし
たから正確には打上げではありませんが、これが日本初のロケッ
トです。開発したのは東京大学生産技術研究所の糸川英夫（1912−
1999）が率いる開発チーム。固体燃料式で速度は約200メートル毎
秒（720キロメートル毎時）、飛行距離は約10メートルでした。

　当時は（今もそうですが）宇宙は新しいフロンティアで、アメリカ・
ソ連（現在のロシア）が先頭を切って、宇宙へ向かうロケットの開発
を始めていました。目的は科学研究もありましたが、1950年代当
時は米ソ冷戦時代で、原爆や水爆が開発され、それを運ぶロケット
が必要だったのです。大陸間の1万キロメートル以上を飛べるロ
ケットは、2段・3段と加速して宇宙へ飛び出せる速度（第1宇宙
速度、約7.9キロメートル毎秒）を得ることができます。このよう
な強力なロケットがあれば、宇宙へ行くこともできますし、大陸間
弾道弾として地球のどこにでも爆弾を落とすこともできます。

　科学研究の方に目を向けてみると、1957年から始まった宇宙空

間の科学観測プロジェクト「国際地球観測年」があります。これは、地球の高層大気や電離層など、地球近傍の宇宙空間を研究しようという国際プロジェクトで、1957年7月1日から1958年12月31日にかけて実施されました。史上初の人工衛星であるソ連のスプートニク1号は1957年10月4日に打ち上げられました。同年11月3日にはスプートニク2号が打ち上げられ、ライカ犬と呼ばれる犬が乗せられ、1961年4月12日には同じくソ連のボストーク1号でユーリイ・ガガーリン（1934－1968）が人類として初めて宇宙に出ました。ガガーリンが宇宙に出たときの「地球は青かった」という言葉は今も歴史に残る名言となっています。

● アメリカの宇宙開発

　ソ連と並ぶ大国のアメリカも負けてはいません。第二次世界大戦後の東西冷戦体制下でのアメリカのソ連に対するライバル意識は相当なものでした。スプートニク1号の発射がアメリカ政府に大きなショックを与えたことは「スプートニクショック」と呼ばれて歴史に刻まれています。負けてはいられないアメリカは、スプートニク1号が打ち上げられてから、わずか4か月後の1958年1月31日にアメリカ初の人工衛星エクスプローラー1号を打ち上げました。同衛星は科学観測衛星として活躍し、バンアレン帯の発見で知られています。バンアレン帯は地球周囲にある放射線帯で、アメリカの物理学者ジェームズ・バンアレンがエクスプローラー1号の観測データを解析することで1958年に発見したものです。

● ツィオルコフスキー、コロリョフ、フォン・ブラウン

　宇宙へ飛び立つことができるロケットの基礎理論を発明したのは、ロシアのコンスタンチン・ツィオルコフスキー（1857－1935）です。ガスを噴射してその反作用で飛ぶロケットの原理を提案し、1897年に「ツィオルコフスキーの公式」を発表し、地球の周りを周回する衛星になる速度を求めました。その功績によってツィオルコフスキーは「宇宙飛行の父」と呼ばれています。実際にスプートニク衛星の開発・指揮をしたのは、ウクライナ出身のロシア（旧ソ連）のロケット技術者セルゲイ・コロリョフ（1907－1966）です。ツィオルコフスキーはコロリョフにも大きな影響を与えています。

　20世紀後半になると宇宙開発の技術は大きく進歩しました。特にアメリカのロケット・宇宙探査機技術は特筆すべきものがあります。アメリカの宇宙開発を指揮したのが、フォン・ブラウン（1912－1977）で、人類を初めて月に送ったアポロ計画の責任者でした。フォン・ブラウンは現在のポーランドに生まれ、ドイツで工学を学び、第二次世界大戦中はドイツのV2ロケット兵器の開発を行なっていました。1945年、ロケットを開発していた100人にも上る技術者を引き連れてアメリカに渡り、アメリカのロケット技術を主導していきました。フォン・ブラウンなしではアメリカのロケット開発は大きく遅れをとっていたことでしょう。

　1969年7月20日には、アポロ11号月探査船が月面に到着し、二名のアメリカ人宇宙飛行士が月面に足跡を記しました。月に降り立ったのは、ニール・アームストロング（1930－2012）とバズ・オルドリン（1930－）です。また月に降りなかったものの、月を周回する司令船に滞在し通信の中継など重要な任務にあたったマイケ

図 5-5-1 ● 人類、月面に到達。

ル・コリンズ（1930－2021）がいました。

　有人宇宙飛行はアポロ計画の終了後も国際宇宙ステーション（ISS）など地球の周回軌道で続けられています。現在はアルテミス計画など、日本人を含む人類を月面に送りこもうという計画が進行しています。また、無人の探査機は数限りなく打ち上げられ、ボイジャーのように太陽系を飛び出して飛行する探査機まで登場しています。宇宙に人を送るには生命維持のために膨大なコストがかかりますから、無人探査機も宇宙開発と天文学の発達に大きく貢献しています。

 5-6 航空技術の進歩と 超音速飛行機の登場

—— ライト兄弟

● ライトフライヤー号、初飛行の意味

　1903年にライト兄弟が、史上初めての人が操縦する動力飛行機「ライトフライヤー号」を飛ばした後、飛行機は急激に進歩していきました。19世紀末から20世紀初頭は、小型軽量で馬力の大きなエンジン、主翼の揚力理論、操縦技術などが徐々に整い始めた時代でした。そのような先行研究を受けて世界各国の開発者がしのぎを削って人の乗れる飛行機の開発競争を行なっていたわけですから、ライト兄弟の初飛行はまさに機が熟した出来事であったといえるでしょう。

　ライト兄弟も、ただの技術的好奇心から飛行機を作ったのではなく、ビジネスとして展開することを考えていました。5年後の1908年には改良型のライトフライヤー A型機を製作、飛行持続時間は1時間を超えるまでになり、実用性が高まってきました。ライト兄弟が売り込んだ先は軍でした。軍は空から偵察したり、攻撃したりする用途に使えないかと考えたのです。初飛行からわずか10年余り後には第一次世界大戦（1914 〜 1918年）が勃発。戦争中は相手国に勝つために必死の努力が行なわれるため航空技術は大き

く進展しました。

　当時のドイツとイギリスの主力戦闘機の性能を比べてみると次のようになります。

●フォッカー D.VII
（ドイツ・フォッカー社製、1918 年初飛行）

・最大速度：176 キロメートル毎時

・航続距離：450 キロメートル

・発動機：180 馬力レシプロエンジン

・最大飛行高度：7000 メートル

・最大離陸重量：880 キログラム

・乗員：1 名

●ソッピースキャメル
（イギリス・ソッピースアビエーション社製、1916 年初飛行）

・時速：185 キロメートル毎時

・航続距離：455 キロメートル

・発動機：130 馬力レシプロエンジン

・最大飛行高度：6400 メートル

・最大離陸重量：660 キログラム

・乗員：1 名

　この性能を見ると、わずか十数年前の初代ライトフライヤー号とは隔世の感があります。フォッカー機やソッピースキャメル機の性能がどれくらいのものかというと、現代のプロペラを駆動するレシプロエンジン（ピストンの往復運動を回転運動に変換してエネルギーを得るエンジン）が 1 基ついた小型飛行機とほぼ同じくらいの

性能です。小型機のベストセラーで、世界中で4万機以上も売れているセスナ172型機の諸元は次のとおりです。

●セスナ 172

・最大速度：233 キロメートル毎時
・航続距離：1100 キロメートル
・発動機：180 馬力レシプロエンジン
・最大飛行高度：4267 メートル
・最大離陸重量：1157 キログラム
・乗員：4 名

（注：シリーズによって若干数値に違いがあります。）

©Peter Bakema

このように比べてみると、現代の一般向けの小型飛行機と同じくらいの性能を、第一次世界大戦時の飛行機がすでに実現していたことがわかります。大きな違いは、現在のような主翼が1枚の単葉機ではなく、2枚を持つ複葉機であったということです。当時は機体の構造や材料の強度が十分ではなかったため、強度を維持するために複葉機になっていました。戦闘機のような激しい機動を行なう飛行機は当時の機体でも6G（1Gの6倍の荷重）以上もかかったため強度が必要だったのです。また2枚主翼があると、舵の効きがよく、また1枚あたりは小さな翼面積でも必要な揚力が得られるので、空中戦などにおける機動性がよかったのです。しかし空気抵抗は大きくなり、速度があまり出せません。

このようにライト兄弟のライトフライヤー号の誕生からわずか10年ほどで技術は目覚ましい進歩を遂げ現代の飛行機と同じくらいの性能を持つまでになったのです。

● プロペラ機の性能の限界

　飛行機はさらに進化を続け、第二次世界大戦時には一つのピークを迎え、プロペラを搭載した飛行機が技術の限界まで到達しました。プロペラ機史上最強の飛行機といわれるリパブリックP－47Dサンダーボルト（初飛行：1941年）の諸元は次のようになっています。

● P-47D30

・最大速度：690 キロメートル毎時
・航続距離：1530 キロメートル
・発動機：2535 馬力レシプロエンジン
・最大飛行高度：1 万 2000 メートル
・最大離陸重量：6600 キログラム
・乗員：1 名

　フォッカー D.VIIと比べると、速度が約 4 倍。最大重量が約7.5倍、エンジン馬力が約14倍にもなっています。20年ほどでここまで進化しました。P－47は同世代のP－51ムスタングと並んで、レシプロエンジン最後の世代の戦闘機です。

　この後さらに飛行機は劇的な進歩を遂げます。ジェットエンジンと超音速機の登場が飛行機を大きく変えていきました。

　第二次世界大戦時は、戦いに負けないようにするため、飛行機の性能を競い合った時代でした。しかも、こちらが性能を上げれば、相手方はさらにそれを上回る性能の飛行機を開発してきます。飛行機の主な飛行性能として、速度に関するものと飛行高度に関するものがあります。相手機よりも速い速度で飛ぶことができれば、追いかけられても高速で離脱し振り切ることができます。高度について

も相手機よりも高い高度に到達できれば有利になります。しかし、レシプロエンジンにプロペラのついた機体には限界がありました。

　エンジンの出力を高空でも維持するためには、ターボチャージャー（エンジンの排気を利用して空気を圧縮する方式）やスーパーチャージャー（エンジンの回転で圧縮機を回して空気を圧縮する方式）などの過給機を取り付けて、吸気圧（エンジンに取り込む空気の圧力）を増大させる方法があります。レシプロエンジンの出力はこのようにして空気の薄い高高度でも、増大させることができるのですが、プロペラには致命的な欠点がありました。それは、大きな推力を出そうとしてプロペラの回転数を上げると、翼端が音速に達し衝撃波が発生してプロペラが破壊されてしまうのです。

　例えば、セスナ172型機のプロペラの直径は1.9メートルですが、回転数が3410回転毎分になるとプロペラ先端の速度が音速を超えてしまいます。そのため同機では最大回転数が2700回転くらいに制限されています。

● 初めてのジェット機

　プロペラ機には性能の限界があったため、それを乗り越える必要がありました。その結果できたのがジェットエンジンでした。ジェットエンジンは1929年にイギリスの技術者フランク・ホイットル（1907－1996）が発明しました。ホイットルの論文に影響を受けて、1939年にドイツのハインケルHe178が作られました。これが初めて飛行したジェット機ですが、まだ実用になるものではありませんでした。

初めての実用的なジェット戦闘機は、1941年に初飛行し1944年に運用が開始されたドイツのメッサーシュミットMe262です。飛行速

度は約870キロメートル毎時と、プロペラ機では実現できない高速で飛ぶことができました。

　同時期には各国ともジェット戦闘機を開発し、イギリスはグロスターミーティア戦闘機を製造し、1943年に初飛行、1944年に運用が開始されています。

　日本では1945年に国産初のジェットエンジンである「ネ10」を開発、このエンジンの改良型である。「ネ12」及び「ネ20」を搭載したジェット戦闘機橘花を製造しました。橘花は1945年8月7日に初飛行しましたが、初飛行の約1週間後に終戦となったため、それが最初で最後の飛行となりました。

● ジェット旅客機の登場

　第二次世界大戦後は戦闘機も爆撃機もほとんどがジェット機になっていきました。1952年には、「デハビラント・コメット」というジェット旅客機が商用運航を開始。ボーイング727（1963年初飛行）、ボーイング747ジャンボジェット（1969年初飛行）が登場しました。

　しかし、すべての旅客機がジェット機に代わったわけではなく、一部の旅客機ではプロペラ機が使われ続けました。ただ以前のよう

なレシプロエンジンのプロペラ機ではなく、ジェットエンジンを使ったターボプロップ機です。主に近距離路線で使われています。

　旅客機がプロペラ機からジェット機に代わったことで、速度が音速近くの遷音速での巡航が可能となり、飛行高度も12キロメートル（4万フィート）といった、成層圏に近い高度を飛べるまでに進化しました。

　ジェットエンジンそのものも戦後70年近くの間に大きく進化してきました。初期のジェットエンジンは、ターボジェットエンジンと呼ばれ、エンジンの前方から吸い込んだ空気を加速して後方に吹き出し、その反作用で推力を得るものです。基本的な構造は簡単で、空気を吸い込む方から、圧縮機・燃焼器・タービン・排気ノズルから構成されています。圧縮機で空気を40倍くらいにまで圧縮し、それを燃焼室に送ってジェット燃料（灯油系の燃料）と混合し燃焼させます。そこで発生した高温高圧のガスでタービンを回し、ター

図 5-6-1 ● ターボジェットエンジン

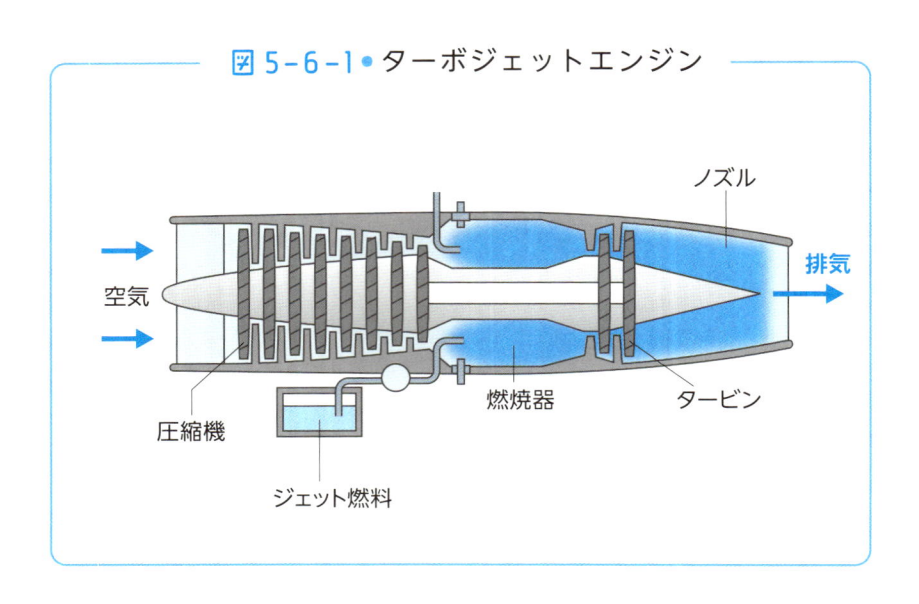

ビンの回転軸は、圧縮機とつながっていて圧縮機を回します。圧縮機に入るときの燃焼ガスの温度は摂氏1600度近い高温になります。タービンブレードは、冷却空気を取り入れるなどして冷却していますが、それでも摂氏1000度を超えます。

　第二次世界大戦中の初期の戦闘機のジェットエンジンがうまく働かなかった原因の一つはこの高温に耐えることができる材料を作れなかったからです。現在はチタンの合金や耐熱セラミクスを使うことで、高温に耐えることができるようになっています。いくら冷却用の空気が流れていたとしても摂氏1000度にもなる環境で、10時間以上も飛行し続けるわけですから、その優秀さがわかります。

　ターボジェットエンジンはジェット戦闘機や、ジェット旅客機では初期型のボーイング707（4発ジェット輸送機、1957年初飛行）に搭載（プラット・アンド・ホイットニー製JT3Cターボジェットエンジン）されました。ターボジェットエンジンはプロペラ推進のレシプロエンジン機よりもはるかに大きな推力を出すことができましたが、騒音が大きく燃費が悪いという欠点がありました。また、ターボジェットエンジンは排気の速度が速すぎて、戦闘機のような高速機にに向いているのですが、旅客機のような遷音速域以下の遅めの速度域では効率が悪いという欠点がありました。

● ターボファンエンジン

　そこでこの欠点を補うために、ターボファンエンジンが開発されました。このエンジンは、圧縮機の前に大きなファンを取り付けて、ターボジェットエンジンの周りを包み込むように空気を流すことで、エンジンの冷却・騒音軽減・推力増強を行ないます。ターボ

ジェットエンジン内部に送られる空気の量とファンによってエンジンの外側を流れる空気の量の比をバイパス比といい、この比は時代が進むとともにどんどん大きくなっていっています。最新のターボファンエンジンは1：10を超えており、推力の大半がファンによって送られた空気によって得られています。空港などで旅客機を見ると、エンジンがずんぐりとしていますが、あれは前方に大きな送風ファンをつけているからで、ジェットエンジン本体はもっと細くて小さいです。

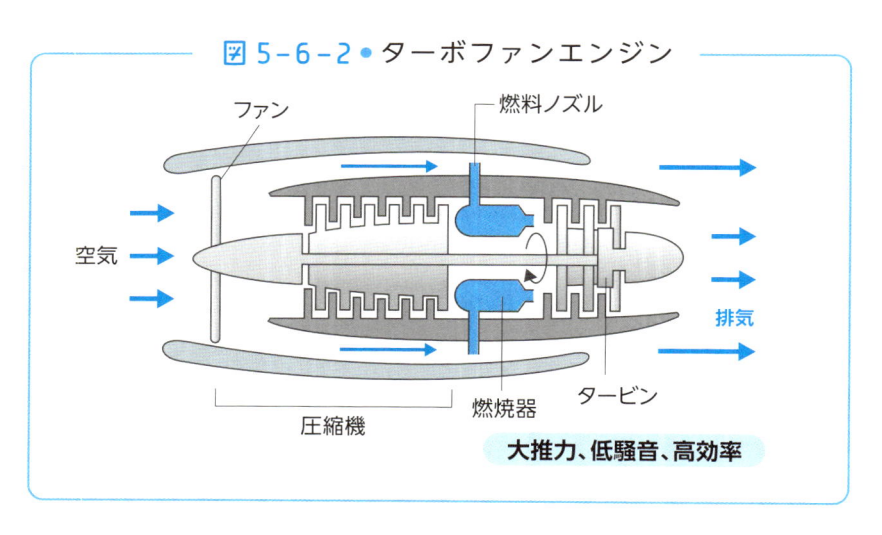

図 5－6－2 ● ターボファンエンジン

ファン　　　　　燃料ノズル

空気

排気

圧縮機　　燃焼器　　タービン

大推力、低騒音、高効率

また、ターボファンエンジンは騒音が小さいことも特長です。最近は、空港に離着陸するときの騒音が基準を超えていると乗り入れのできない空港もあるくらいです。ジェットエンジンの騒音はターボジェットの排気が周囲の空気との境界部分で渦が作られることで発生します。これをファンから流れる大量の空気で包み込み、噴流全体の速度を落として騒音が外に漏れないようにしているのです。

● 超音速機の開発

　第二次世界大戦後に実用的なジェットエンジンが登場・発達して現在の便利で高性能な飛行機があるわけですが、もう一つの技術的トピックスは超音速飛行の実現でしょう。音速（マッハ 1）を超えると、空気が円錐状に圧縮され、それがドーンという大きな衝撃音（ソニックブーム）となって地上に到達します。このとき、大きな抵抗（造波抵抗）が生まれます。しかし音速を超えて飛行することは人類の夢でした。

　歴史上初めて水平飛行で超音速飛行に成功したのは、アメリカのベル X－1 というロケットエンジン飛行機で、1947年のことでした。ロケットエンジンは、液体燃料か固体燃料を燃焼させて推力を得るもので、 飛行機というよりミサイルのようなものです。ただ、人が乗って操縦できるため、飛行機に分類されます。

　その後、1967年にはノースアメリカン X－15 ロケット機（1959年初飛行）がマッハ6.7を記録しています。この飛行機が出した速度記録は今も有人飛行機としては最高速です。

　ジェットエンジンを搭載した飛行機では、1948年にノースアメリカン XP－86（F－86 セイバー戦闘機の試験機）が「急降下中に」音速を超えています。

　1950年代には米ソの冷戦構造が進み、互いに飛行機の速度競争を行なうようになっていきました。高速で相手国上空に進入し、偵察したり爆弾を落として超音速で離脱（逃げる）するという戦法が考え出されたのです。その頃の代表的な超音速戦闘機が日本の航空自衛隊でも採用されていた F－104J です。この飛行機は最大速度が音速の 2 倍であるマッハ 2 とされています。時速でいうと毎時

2450キロメートルです。この後もF−15、F−16、F/A−18といった超音速戦闘機が登場しました。最高速度はどれもマッハ2程度となっています。

　また最新の第5世代戦闘機のF−35やF−22も同じくらいの速度です。現在はレーダーでターゲットを捉えて目で見える距離をはるかに超えた距離から攻撃する戦法が取られることが多いので、超音速性能はそれほどには必要とされないのです。

　最も速い飛行機は、ロッキード・マーチン社製のSR−71高高度戦略偵察機です。1964年に初飛行したこの飛行機の最大巡航速度はマッハ3.2といわれています。

● 旅客機も超音速に

　旅客機で、超音速で飛べるのは、イギリス・フランス共同開発のコンコルドです。最大速度約マッハ2.04。1969年に初飛行、1976年から商用運航を開始し、2003年に運航を終了しています。民間機の超音速飛行には陸地の上で超音速飛行をしてはならないという規則がありました。衝撃波による大音響が地上の人々に騒音被害を

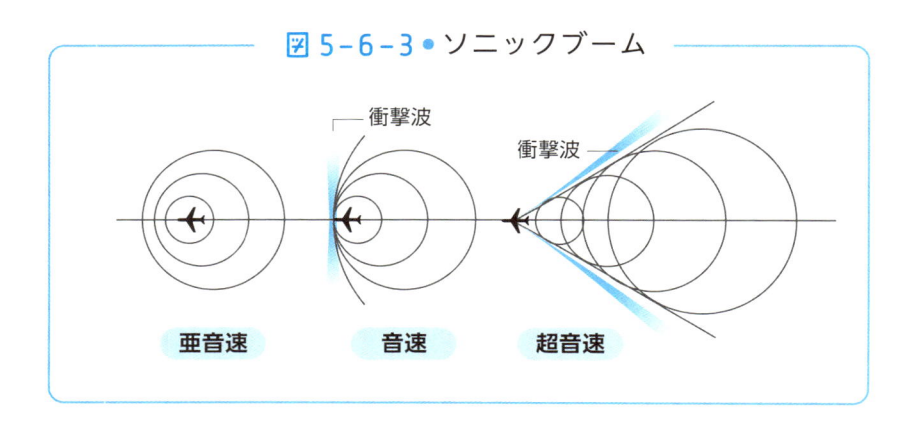

図 5−6−3 • ソニックブーム

衝撃波

衝撃波

亜音速　　　音速　　　超音速

与えるからです。

　そこで、コンコルドの運航終了後は、ソニックブームのできるだけ少ない飛行機を作る研究が進められてきました。その代表がアメリカのNASAがロッキード・マーチン社とともに開発中のX−59です。高度 6 万フィートをマッハ1.6で飛行する予定です。2020年代の半ばくらいには試験飛行が行なわれます。

　また、アメリカの民間企業ブームテクノロジー社は70人前後の乗客を乗せてマッハ1.7で飛行する超音速旅客機の開発を進めており、2024年 3 月には初飛行に成功し、すでにエアライン数社から注文がきています。

　この他、アメリカのNASAや日本のJAXAが研究中のものに、マッハ 4 から 5 で飛行できる極超音速機があります。このような高速になると、ソニックブーム対策の他、断熱圧縮による高温に耐える機体やラムジェット、スクラムジェットといった極超音速飛行用の新型のエンジンの開発が必要になります。また、エンジン冷却技術・機体の構造強度などクリアしなければならない問題がたくさんありますので、極超音速機が実現するのは少し先のことでしょう。

　ラムジェットというのは、圧縮機を使わずに、音速を超えるような高速の空気の高圧を利用して、いわば「自然圧縮」して推力を得るエンジンです。低速では作動せず、遷音速域を超える超高速で効率よく動きますから、音速を超えるまでは通常のジェットエンジンで加速してやる必要があります。また、エンジン内を最初から最後まで超音速で空気が移動しますから、その中で燃料混合・着火・排気をスムースに行なう技術を開発する必要があります。

　スクラムジェットはラムジェットの発展形で、マッハ 5 程度の飛

行を可能にする自然吸気型のエンジンです。2004年には、NASA
の無人スクラムジェット実験機X－43が、高度1万メートルで母
機B－52爆撃機から切り離され、さらに高空まで上昇しマッハ9.68
を記録しました。

超音速飛行の歴史年表（国名を指定したもの以外はアメリカ製）

1947年8月	X－1ロケット機。マッハ1.015（非公式記録）。
1947年10月	X－1ロケット機。マッハ1.06（公式記録）。
1948年	XP－86ジェット戦闘機。急降下で音速を超える。
1953年	スカイロケット機D－558－2。マッハ2.0。
1953年	YF－100ジェット戦闘機。マッハ1.38。
1953年	X－1Aロケット機。マッハ2.435。
1953年	ミグ19ジェット戦闘機（ソ連）。マッハ1.35。
1954年	F－104ジェット戦闘機。マッハ2.0。
1956年	X－2ロケット機。マッハ3.2。
1960年	X－15ロケット機。マッハ2.97。
1964年	SR－71ジェット偵察機（実用機）。マッハ3.2。
1967年	X－15ロケット機。マッハ6.70。
1969年	コンコルド超音速ジェット旅客機（仏・英）。マッハ2.04。
2004年	NASA無人スクラムジェット機。マッハ9.68。

5-7

現代の科学技術に名を残す日本の研究者たち

—— 小川誠二、飯島澄男、福島邦彦

● fMRIで脳活動を見る

　20世紀末の1990年代から21世紀にかけて脳の機能が続々と解明され、新しい知見が拡がっていきました。以前から脳の機能（どの部分がどんな情報処理を担当しているかなど）の概略はわかっていました。例えば、視覚情報を処理するのは大脳皮質の後方にある視覚野であるとか、記憶は海馬という部分で行なわれているといったことです。しかし、fMRIによって、その活動状態を高い空間分解能で詳しく調べることができるようになってきました。

　この新しい脳機能科学に大きく貢献した技術がfMRI（functional Magnetic Resonance Imaging、機能的磁気共鳴画像法）です。これは、脳の活動状態を画像化する装置で、視覚や聴覚などなんらかの情報が脳内にインプットされたとき、脳のどの部分が活動しているかを詳細に可視化できます。病院で病理診断に使われているMRIとの違いは、静的な構造を見るのではなく脳の活動状態を時間経過とともに知ることができる点です。

　強力な磁場の中に被験者を入れ、刺激によって起こる脳の血流の変化を捉え、特定の刺激に対してどの部分の活動が活発になるかを

計測して、脳の機能を調べます。脳に刺激が加わり、担当部位で情報処理を行なうとき、神経細胞はエネルギーを必要としますから、血流が活発になります。血液中のヘモグロビンが酸素分子と結びつくときの、磁気特性の変化とその緩和の状態から脳の働きを探ります。

この現象をBOLD効果（Blood Oxygenation Level Dependent）といい、1990年に物理学者の小川誠二（1934－）博士が発見しました。

● 無限の可能性を秘めたカーボンナノチューブ

炭素原子1層のみでできたシートをグラフェンといい、これをまるめてチューブ状にしたものがカーボンナノチューブ（CNT：Carbon Nanotube）です。直径がナノメートルスケールの細いチューブですが、強くて熱伝導率と電子移動度が大きいため、新素材としてさまざまな分野で応用されています。強度は綱の20倍、密度はアルミニウムの半分、熱伝導率は銅の10倍、電子移動度はシリコンの10倍といわれており、リチウムイオン電池の電極に用いて導電性を高めるなど、各種半導体などの電子デバイスで使われています。また特に、複数の層を持つ多層カーボンナノチューブは強度が強いため、テニスラケットなどのスポーツ用品などにも使われています。

カーボンナノチューブは1991年当時NECの研究所にいた物理学者（NEC特別主席研究員）飯島澄男（1939－）博士が発見しました。研究室で炭素原子1個のみが連なったフラーレン（C60）生成の実験をしているときに偶然に発見されたものです。

2010年のノーベル物理学賞は、イギリス、マンチェスター大学のアンドレ・ガイム（1958－）とコンスタンチン・ノボセロフ（1974－）の二人の物理学者が、グラフェンの分離という業績で授与されました。グラフェンは炭素原子1層からできたシートで、二次元物質と呼ばれる、独特の化学的・物理的性質を示すものです。カーボンナノチューブの発見者である飯島博士も、ノーベル賞受賞に相当する偉大な科学者です。

● ニューラルネットワークの基礎理論とAIの登場

近年、AI（人工知能）が社会のあらゆるところに浸透してきました。AIはいつどのようにして誕生したのでしょうか。

1930年代にイギリスのアラン・チューリングが「チューリングマシン」（268ページ参照）という概念を提案しました。現在のコンピュータの計算方法と同じような、基本的な情報処理の仕組みを考えた天才です。チューリングマシンが人工知能の始まりと考えてもいいかもしれません。チューリングマシンは仮想的な存在でしたが、具体的に人工知能の姿が現れたのはいつ頃でしょうか。

人工知能が科学技術史の中において初めて登場したのは、1956年にアメリカのダートマス大学で開催された、「ダートマス会議」とされています。この会議には、人工知能研究初期の代表的な研究者であるマービン・ミンスキー（1927－2016）、ジョン・マッカーシー（1927－2011）などが参加した歴史的な会議です。ミンスキーは、シーモア・パパート（1928－2016）とともにLOGOというプログラミング言語や現在のニューラルネットワークの基礎型であるパーセプトロンを開発した人物です。

　ダートマス会議は、当時の情報科学・認知科学・認知心理学などを研究していた科学者を始め科学系のアカデミアに大きな刺激を与え、第1次AIブーム（1957－1970年代）が巻き起こりました。当時は米IBM社がシステム/360というベストセラーになったメインフレームを発表（1964年）し、当時の大企業を中心とした基幹産業のコンピュータ化が急速に進んでいった時代です。メインフレームとはビジネス処理に適した大型の汎用コンピュータのことで、COBOLやFORTRANといったプログラミング言語でプログラムされ、科学技術計算を中心として他にもさまざまな用途に使うことができる汎用性を持っていたため、大ヒットしました。メインフレームが、大量の数値計算をあっという間に行なうのを見て、人々は人工知能を強く夢見るようになりました。この時代背景が第1次AIブームを盛り上げました。

　第1次AIブームでは、人間の脳のような推論ができるようなコンピュータの研究が行なわれ、機械翻訳のための自然言語処理の研究が行なわれました。1958年には現在のニューラルネットワークの基礎となる技術、パーセプトロンが登場しました。また、人工知能っぽい受け答えをする仮想人格「イライザ」（1964年）も登場しました。イライザは、相手の言葉をオウム返しに繰り返して返事するだけの単純なものでしたが、生身の人間と対話している気分が味わえました。イライザは後に（1980年頃）アップル社のパーソナルコンピュータ・マッキントッシュ用のソフトウェアとしても提供され、AI初期の成果を追体験することができました。

　しかし当時は大量の計算を高速で行なえるようになったとはいえ、知能というにはほど遠く、AIブームは急速に冷めていきました。

第2次AIブームは、1980年代に起こりました。第2次のブームはエキスパートシステムの構築と推論ができるコンピュータの実現を目指しました。その頃日本では通商産業省（現在の経済産業省）が中心となって、第五世代コンピュータプロジェクト（1982－1992年）が実施されました。しかし相変わらずコンピュータの性能が足りませんでした。計算速度だけの問題ではなく、大量の情報を処理するアルゴリズム（計算手順）がうまく作れなかったのです。エキスパートシステムは、医師などの専門家が持つ知識と経験をデータベース化して、医師に代わって診察できるようにしようというものでしたが、大量の情報を処理することができず失敗に終わりました。

　さらに大きな問題は、論理的に考えすぎたことです。機械翻訳や自然言語処理などにおいて、言葉の係り結びを解析し、そこから法則性を導き出して機械翻訳や自然言語処理を行なおうと考えたのですが、情報の相関関係が膨大なものになり実現しませんでした。こうして第2次AIブームも、失望のうちに終わりを迎えました。

● 本格的なAIは21世紀になってから

　第3次AIブームは2000年初頭から始まり現在まで続いています。1998年、二人の若者ラリー・ペイジ（1973－）とセルゲイ・ブリン（1973－）は、Google社を立ち上げました。ご存じのとおり、インターネット上の巨大な検索システムです。ユーザーが検索すればするほど、大量のデータが集まります。それを関係性の強い順に並べていくだけの単純なものですが、データ量が膨大になるにしたがい、役に立つ情報、つまり多くの人に検索されている情報が検索結果の上位に出てくるようになり、非常に有用なシステムとなりま

した。

　第3次AIブームは、コンピュータの計算能力の向上だけでなく、個人のPCがインターネットにネットワークされることによって、膨大な情報（知識）が猛烈な勢いで集まるようになり急激に発達していきました。記録媒体であるハードディスクの普及によって、大量の情報をストレージできるようになり、さらにクラウド化することにより、世界中に無限といってもいいような情報の受け皿を作ったのです。

　この大量の情報を扱うビッグデータ情報処理は検索システムだけでなく実用的な機械翻訳・正確な音声認識・滑らかな音声合成など、1次、2次AIブームのときに苦労していた課題を一気に解決してしまいました。

● ニューロコンピューティング

　情報を大量に集めると、最適な解が見えてきます。それが現在のAIの基本的姿です。ネコの絵を描いた紙にたくさんの虫食い穴があったとします。でもいろんなところに空いた虫食い穴のある紙を何枚も重ねてみると、どこかでネコの絵が見えてきます。

　曖昧な情報でも大量に集めると意味のある情報が取り出せるのです。脳はまさにそういう作業をしています。AIとは何層にもわたって情報処理を重ね合わせていく脳の情報処理を模倣したニューラルネットワークです。現在のAIはすべて、このニューラルネットワークに基づいて作られています。

　このニューラルネットワークの始まりが1958年のパーセプトロンの開発であり、1986年のバックプロパゲーション（誤差逆伝播法）

というニューラルネットワークのアルゴリズムの研究、そしてそれが現代のディープラーニング（深層学習）へとつながっています。さらに、2020年頃から、AIは生成AIへとステージを一段上げました。これは、滑らかな文章で検索結果をまとめてくれたり、画像や動画の認知をより一層高めることに成功しています。

このAIの歴史の中で大きな業績を残した科学者の中に日本人もいます。1979年にネオコグニトロンを発明した福島邦彦（1936－）博士（当時はNHKの研究所に在籍）です。博士はまさにディープラーニングの先駆者といえます。

科 学 技 術 の 歴 史

20世紀	1897年	ツィオルコフスキー、ロケットの飛行理論を発表。
	1903年	初の有人動力飛行機ライトフライヤー号初飛行。
	1920年頃	ハル等がマグネトロンを発明。
	1924年	八木秀次、八木アンテナを発明。
	1927年	岡部金治郎、10GHzのマグネトロンを発明。
	1935年	中嶋章、シャノンの情報理論に先立って同様の理論を発表。
	1936年	チューリングマシン発表。
	1941年	初の実用的ジェットエンジン搭載の飛行機Me262の初飛行（ドイツ）。
	1945年	日本初のジェットエンジン、ネ10を開発。
	1945年	ネ20搭載の橘花、初飛行。
	1947年	ショックレーらがトランジスタを発明。
	1947年	ノイマン、ノイマン型コンピュータを考案。
	1947年	アメリカのベルX−1ロケット機、初めて音速を突破。
	1948年	シャノン、「通信の数学的理論」を発表。
	1952年	初のジェット旅客機、コメット機運航開始。
	1954年	米I.D.E.A.、世界初のトランジスタラジオ、Regency発売。
	1954年	タウンズ、メーザーを発振し、レーザーの基本原理を発見。
	1955年	東京通信工業（現ソニー）、日本初のトランジスタラジオTR−55発売。
	1955年	糸川英夫、日本初のロケットを飛ばす。
	1956年	ダートマス会議開催。AIが認知され始める。
	1957年	江崎玲於奈、トンネル効果によるエサキダイオード発明。
	1957年	ソ連（現ロシア）、史上初の人工衛星「スプートニク 1 号」打上げ成功。
	1958年	アメリカ初の人工衛星エクスプローラー1号打上げ。
	1958年	脳の情報処理を模したパーセプトロン登場。現在のディープラーニングの祖。

20世紀	1960年	メーマン、固体レーザーを発明。
	1961年	ソ連（現ロシア）、ガガーリンを乗せたボストーク1号打上げ。初の有人宇宙飛行。
	1964年	米IBM社がシステム/360発表。事務処理の機械化が進む。
	1965年	ムーアの法則発表。
	1966年	カオ、通信用光ファイバーを開発。
	1969年	アポロ11号月面着陸。アームストロングら二人が月面に。
	1969年	超音速旅客機コンコルド初飛行。
	1970年	コーニング社、実用的な光ファイバーを製造。
	1979年	福島邦彦、ネオコグニトロン発明。
	1982年	「第五世代コンピュータプロジェクト」始まる。
	1990年	小川誠二、BOLD効果発見。脳機能科学が進展。
	1991年	飯島澄男、カーボンナノチューブ発見。
	1998年	Google社設立。本格的なAIの時代始まる。

【参考文献】

- 16ページ 『金属利用の歴史』東北大学総合学術博物館。http://www.museum.tohoku.ac.jp/old/past_kikaku/material%20research/annai/image/history%20of%20metal.pdf

- 17ページ 『記号の歴史』ジョルジュ・ジャン著、矢島文夫監修、1994年、創元社。

- 17ページ 『文字の歴史』ジョルジュ・ジャン著、矢島文夫監修、1990年、創元社。

- 21ページ 『電気の歴史をつくった偉大なできごと』、東北電力。https://www.tohoku-epco.co.jp/kids/adv04_03.html

- 31ページ 「大阪大学 社会技術共創研究センター ELSIセンター」https://elsi.osaka-u.ac.jp/

- 38ページ 『暦の歴史』ジャクリーヌ・ド・ブルゴワン著、池上俊一監修、南条郁子訳、2001年、創元社。

- 40ページ 『数の歴史』ドゥニ・ゲージ著、藤原正彦監修、南条郁子訳、1998年、創元社。

- 47ページ CNN 『The Mona Lisa was set in this surprising Italian town, geologist claims』、2024年5月17日。

- 48ページ 『眼を動かしても世界が動かないのはなぜか』、ライフサイエンス領域融合レビュー、北澤 茂、大阪大学大学院生命機能研究科 ダイナミックブレインネットワーク研究室。https://leading.lifesciencedb.jp/4-e012

- 48ページ 『光の科学者たち、イブン・アル＝ハイサム』、キヤノンサイエンスラボ・キッズ。https://global.canon/ja/technology/kids/history/02_ibn_al_haytham.html

- 52ページ 『Hans Lippershey』、MOLECULAR EXPRESSION、Science, Optics & You Pioneers in Optics、https://micro.magnet.fsu.edu/optics/timeline/people/lippershey.html

- 53ページ 『ガリレオの望遠鏡 技術復元への調査記録』秋山晋一、『天文教育』2010年3月。

- 58ページ 『植物油 INFORMATION・油祖の地に蘇るエゴマ』日本植物油協会。https://www.oil.or.jp/info/75/page01.html

- 58ページ 『国盗り物語（一）』81ページ、司馬遼太郎、新潮文庫。

- 75ページ 『大航海時代とマリンクロノメーター』、セイコーミュージアム銀座。https://museum.seiko.co.jp/knowledge/relation_04/

- 75ページ 『経度の測定とイギリス帝国』石橋悠人、京都大学大学院文学研究科。https://www.jstage.jst.go.jp/article/jhsj/53/271/53_311/_pdf/-char/ja

- 85ページ 『光学薄膜技術の歴史と技術的動向』室谷裕志、東海大学工学部。https://www.jstage.jst.go.jp/article/sfj/71/10/71_590/_pdf/-char/ja

- 87ページ 『顕微鏡の歴史 3.顕微鏡の発明』日本顕微鏡工業会。https://microscope.jp/history/03.html

● 90ページ 『電子顕微鏡の原理』、一般社団法人日本分析機器工業会。
https://www.jaima.or.jp/jp/analytical/basic/em/principle/

● 91ページ 『A Boy And His Atom』、アメリカIBM基礎研究所。
https://www.youtube.com/watch?v=oSCX78-8-q0

● 92ページ 『紙の基礎知識、紙の歴史』、日本製紙連合会。
https://www.jpa.gr.jp/p-world/p_history/p_history_02.html

● 92ページ 『美濃和紙について』、外務省、地方の国際的取組・事例紹介。

● 97ページ 『レオナルド・ダ・ヴィンチの手記（下）』、杉浦明平訳、岩波文庫。

● 104ページ 『Otto von Guericke』mk technology、ゲーリケの真空ポンプ。
https://www.mk-technology.com/?pageID=186

● 109ページ 『光速測定の歴史と天文学』、渡會兼也、「天文教育」2008年9月号。
https://tenkyo.net/kaiho/pdf/2008_09/2008-09-05.pdf

● 129ページ 『電池の歴史について、なるほど電池Q&A』、一般社団法人電池工業会。
https://www.baj.or.jp/battery/qa/

● 134ページ 『電気の歴史（日本の電気事業と社会）』、電気事業連合会。
https://www.fepc.or.jp/enterprise/rekishi/index.html

● 135ページ 『【日本のエネルギー、150年の歴史①】日本の近代エネルギー産業は、文明開化と
共に産声を上げた』資源エネルギー庁、2018年。
https://www.enecho.meti.go.jp/about/special/johoteikyo/history1meiji.html

● 137ページ 『博覧会　近代技術の展示場、電灯』、国立国会図書館。
https://www.ndl.go.jp/exposition/s2/3.html

● 147ページ 『プリーストリ：「酸素の発見」と燃焼の本質』、2017年、化学と教育。

● 150ページ 日本無線「お役立ちコラム」、第3回「電気通信のはじまり」。
https://www.jrc.co.jp/casestudy/column/03

● 151ページ 『日本の電信の幕開け－江戸末期から明治にかけて、日本は世界の国々とどのよう
にして結ばれていったのか』、ITUジャーナルVol.46 No.7,2016.7。
https://www.ituaj.jp/wp-content/uploads/2016/07/2016_07-07-
spotMakuake1.pdf

● 154ページ 『8章　ラジオ放送90年のあゆみ』、福田勝、映像情報メディア学会誌Vol.69
No.3(2015)。
https://www.jstage.jst.go.jp/article/itej/69/3/69_215/_pdf

● 195ページ esa、LISA。https://sci.esa.int/web/lisa

● 197ページ 『放射線研究の幕開け～レントゲンによるX線の発見～』、首相官邸。
https://www.kantei.go.jp/saigai/senmonka_g51.html

● 198ページ 『X線管装置の技術の系統化調査』、神戸邦治、2017年、国立科学博物館。

● 203 ページ 『放射線と放射能の性質』一般社団法人日本原子力文化財団。
　　　　　　https://www.jaero.or.jp/sogo/detail/cat-03-02.html

● 207 ページ On the Planck-Einstein Relation、Peter L. Ward US Geological Survey retired,
　　　　　　Science Is Never Settled, Inc., Jackson, Wyoming, U.S.A. October 5, 2020

● 207 ページ 『プランクの公式』、「ミクロの世界」、九州大学。
　　　　　　https://ne.phys.kyushu-u.ac.jp/seminar/MicroWorld/Part3/P34/Planck_
　　　　　　formula.htm

● 217 ページ 『マヨラナ　消えた天才物理学者を追う』ジョアオ・マゲイジョ著、塩原通緒訳、
　　　　　　2013 年、NHK 出版。

● 235 ページ 『宇宙論入門――誕生から未来へ』佐藤勝彦著、2008 年、岩波新書。

● 238 ページ 『ミリタリーテクノロジーの物理学〈核兵器〉』、多田将、2015 年、イースト新書Q

● 247 ページ 『1947 年　点接触トランジスタ発明（BTL）』、日本半導体歴史館。
　　　　　　https://www.shmj.or.jp/museum2010/exhibi304.htm

● 253 ページ 『本土防空戦』、渡辺洋二、1981 年、旧朝日ソノラマ。

● 265 ページ 『Colladon's Fountain Sparkles』、AIP。
　　　　　　https://repository.aip.org/islandora/object/nbla:295577

● 269 ページ 『通信の数学的理論　The Methematical Theory of Communication』、クロード・E・
　　　　　　シャノン著、ワレン・ウィーバー著、植松友彦訳、2009 年、ちくま学芸文庫。

● 288 ページ 『NEC の最先端技術　カーボンナノチューブの歴史』、NEC。
　　　　　　https://jpn.nec.com/rd/technologies/cnt/history/index.html

● 『新版　天文学史』、桜井邦朋、2007 年、ちくま学芸文庫。

● 『工学の曙文庫』、金沢工業大学。https://www.kanazawa-it.ac.jp/dawn/index.html

● 『科学の事典』、岩波書店。

● 『世界史探究 新世界史』、山川出版社。

● 『高等学校 物理Ⅰ』、三省堂。

● 『高等学校 物理Ⅱ』、三省堂。

● 『高等学校 化学Ⅰ』、啓林館。

● 『高等学校 化学Ⅱ』、第一学習社。

（この他、数多くのWebサイトならびに書籍・論文を参考にさせていただきました。
ここに謝意を表します。）

索 引

著者紹介

白鳥 敬（しらとり・けい）

科学技術分野で著作活動を行なっているサイエンスライター。大学卒業後、出版社勤務の後、学研の科学誌『ウータン』の科学記者として、創刊から休刊まで従事。その後『子供の科学』（誠文堂新光社）、新聞（共同通信社配信）などに科学記事を執筆。
著書は、『天気と気象』（学研）、『使って覚える記号図鑑』（誠文堂新光社）、『科学の偉人伝』（自由国民社）、『図解でわかる航空力学』（日本実業出版社）、『「空の科学」が一冊でまるごとわかる』（ベレ出版）など50冊以上。

◉── ブックデザイン　　三枝 未央
◉── 校正・校閲　　　　株式会社ぷれす

「科学・技術の歴史」が一冊でまるごとわかる

2024 年 10 月 25 日　　初版発行

著者	白鳥 敬
発行者	内田 真介
発行・発売	ベレ出版 〒162-0832　東京都新宿区岩戸町12 レベッカビル TEL.03-5225-4790 FAX.03-5225-4795 ホームページ　https://www.beret.co.jp/
印刷	モリモト印刷株式会社
製本	根本製本株式会社

ISBN 978-4-86064-773-5 C0040　　　　　　　　　　編集担当　坂東 一郎